博士论丛

珠江三角洲地区休憩广场环境及人群行为模式研究

A Study of the Environment and People's Behavior Pattern of Resting Squares in Zhujiang Delta

陈建华 著

中国建筑工业出版社

图书在版编目（CIP）数据

珠江三角洲地区休憩广场环境及人群行为模式研究/陈建华著. —北京：中国建筑工业出版社，2010.12

（博士论丛）

ISBN 978-7-112-12696-5

Ⅰ. ①珠… Ⅱ. ①陈… Ⅲ. ①珠江三角洲—广场—城市规划—建筑设计—研究 Ⅳ. ①TU984.18

中国版本图书馆 CIP 数据核字（2010）第 229324 号

本书从七大部分展开。第一部分为问题的提出，包括第一章绪论部分，总结前人的研究成果和不足，提出笔者的研究方法和研究方向。第二部分为现状概述，包括第二章和第三章，从人的行为角度简述中外广场及使用后评价的发展简史，总结珠三角地区现有休憩广场的环境现状及特征。第三部分为广场的使用后评价，包括第四章，对五个样本广场做使用后评价，用数理统计方法找出影响广场环境品质的主要因子。第四部分为行为研究，包括第五章和第六章，对广场中人群的行为做详尽的调查和研究，找出广场人群结构、人群行为特征和行为规律。第五部分为环境因子模式研究，包括第七章，综合前面的研究成果，提出各环境因子的合理模式。第六部分为珠江三角地区休憩广场设计指引，包括第八章。第七部分为结束语，提出研究的不足和尚需完善的问题所在。

* * *

责任编辑：常　燕

博士论丛

珠江三角洲地区休憩广场环境及人群行为模式研究

陈建华　著

*

中国建筑工业出版社出版、发行（北京西郊百万庄）

各地新华书店、建筑书店经销

霸州市顺浩图文科技发展有限公司制版

北京京丰印刷厂印刷

*

开本：787×1092 毫米　1/16　印张：11½　字数：219 千字

2011 年 3 月第一版　　2011 年 3 月第一次印刷

印数：1—1500　　定价：**26.00** 元

ISBN 978-7-112-12696-5

（19949）

序　言

陈建华的书稿即将付梓，嘱余作序，欣然从之。

建筑师设计室内外建筑空间及环境的目的是为了提供人们栖息、活动和从事各种工作的场所。因此。建筑空间是生活之容器。建筑师所设计的各类建筑物和建筑环境，究竟是成功抑或失败，自然应以是否满足使用者的需求为最终评价依据。这就是以人为本的建筑观。可惜，这个浅显的基本道理往往为人们，甚至是某些建筑师所不解或忘记。

诚然，建筑师在设计各类建筑物时，其脑海中是事先为使用者设想了在其中居住、活动和完成若于行为的情景。在这一设计过程中，建筑师依据的是前人的经验、书本的知识，也包括自己的经验和阅历。从这个意义上说，好的建筑师应是富有各种经验和阅历的成熟的建筑师，正如《红楼梦》所云："世事洞明皆学问，人情练达即文章。"因此，读万卷书，行万里路，察万人事，应是建筑师所加强其业务修养所应加以提倡的学习方式。然而，不管建筑师事先谋划、设想的各类使用者利用建成环境的行为模式多么周到，总是或多或少与使用者在建成环境中真正发生的行为方式会有所不同；同时，由于生活之树长青，各类使用者的行为模式和在各类建成环境中所产生的心理反应是千差万别、丰富多彩的。因此，注重对使用者在各种典型建成环境中的心理反应和行为模式的调查研究，提供建筑师以回馈信息，作为其今后改善设计之依据，就显得很有价值。这也是使用后评价研究目前成为建筑学的重要研究内容之一的缘故。

陈建华的博士论文就是沿着这一研究方向进行的。他对于休憩广场等典型城市户外公共空间做了较深入细致的调查研究，利用统计学理论和行为科学的方法加以分析，探讨了广场的环境、广场中人群的行为以及两者之间的相互关系，得出若干有价值的可供借鉴的结沦。我认为这一类的研究工作，目前在国内尚为数不多，应该加以大力提倡，使之蔚然成风。这是提高我国建筑设计水平和改善环境规划质量的重要途径之一。

拉拉杂杂写了上述意见，以就教于识者。

吴硕贤

2010.10

前　言

本书通过对珠江三角洲地区休憩广场中的五个有代表性的广场做使用后评价，得出对它们的评价等级，然后再对影响广场环境品质的因子做了详尽的统计分析，得出了影响广场环境品质的主要环境因子，它们是配套因子、交通因子和景观因子。在此基础上，通过对广场中人群的行为以及行为与环境因子的互动关系的研究，提出提高广场环境品质的各种环境因子模式，从而为将来的广场设计和建没以及使用后评价提供理论指导。

本书的内容从七大部分进行展开。

第一部分为问题的提出，包括第一章绪论部分。总结了前人的研究成果和不足，并在此基础上提出笔者的研究方向和研究方法。本书从研究广场中的人群的行为来研究广场环境，以行为—环境的互动关系作为本研究的突破口，力求突破前人从空间形式末研究环境的研究方式。

第二部分为现状概述，主要包括第二章、第三章。

从广场中的人的行为的角度简要地概述中外广场的发展简史，总结出珠江三角洲地区现有的休憩广场的环境现状及特征，并确定本研究的研究样本。

第三部分为广场的使用后评价，包括第四章。

对五个样本广场做使用后环境评价，并用数理统计分析的方法找出影响广场环境品质的主要因子——配套因子、交通因子和景观因子。

第四部分为行为研究，包括第五章、第六章。对广场中人群的行为做详尽的调查和研究，找出厂场中人群结构、人群行为特征和行为规律。

第五部分为环境因子模式研究，包括第七章。应用行为—环境互动的理论，结合前面的研究成果，提出各环境因子的合理模式，从而为提高广场环境品质提供理论指导。

第六部分为珠江三角洲地区休憩广场设计指引，包括第八章。总结上述研究的结果，对广场的各种因素提出科学的规范和指引。

第七部分为结束语。提出本研究的不足和尚需完善的问题所在。

本书的特点在于把数理统计分析的方法应用到城市广场空间环境的研究中，同时，以行为—环境互动理论，从人的行为需要来探讨和研究环境，并提出提高环境品质的模式理论。

目 录

第一章 绪 论

1.1 研究的动机与意义

改革开放以来，广东省城市建设在近20年得到迅猛的发展。20世纪90年代，“可持续发展”理念在全球兴起，也使广东珠江三角洲地区的城市（城镇）发展日新月异，不仅使城市规模不断扩大和更加有机，旧城的改造也更趋人性化和个性化，而且城市空间的营造也更加丰富多彩和追求高品质，创造了许多富于时代性和地域性的城市公共空间。近年来，珠江三角洲地区许多城市大量兴建“城市广场”，出现的“广场热”等建设高潮也正印证了这一趋势。

在物质条件得到某种程度的满足后，追求精神的享受、空间的舒适以及生活的休闲就成为必然。作为专门为人们提供休闲、游玩、演出及举行各种娱乐活动的城市公共空间——休憩广场，得以迅速地发展也就成为必然。作为“城市起居室”和“城市客厅”的休憩广场，在城市空间中一直都是最受欢迎和发展最迅速的公共空间之一。

在珠江三角洲地区，休憩广场通常又被人们称之为“文化广场”。

珠江三角洲地区包括广州市、深圳市、珠海市、惠州市、东莞市、中山市、江门市、佛山市、肇庆市。据统计，1999年以前已建成文化广场总计117个，面积为211.028万m^2，平均每个广场1.80万m^2，如表1-1-1所示。1999年建成的文化广场又有42个，占地面积为7.837万m^2，平均每个广场1.866万m^2，投入资金1.057亿元[1]，如表1-1-2所示。自1999年以后，珠江三角洲地区又建成了许多环境优美、空间丰富的休憩广场，如东莞市西城区文化广场，东莞市长安镇文化广场，花都市广场等。

毋庸置疑，城市休憩广场作为城市的客厅，其最根本的目的就是为人们营造理想的文化娱乐、游玩、演出、休闲等环境和场所，并为人们的行为和心灵需要提供的空间照顾和场所关怀。尽管珠江三角洲地区的城市有着数目众多的休憩广场，然而，这些广场的使用者（市民或外来人员）对广场的使用后评价如何？广场的环境的设置是否符合人们在广场内的休憩心理和行为习惯（行为模式）？建成后的广场（环境）是否真正地为人们提了空间的照顾和场所的关怀？对这方面的研究目前还是空白，有待于我们去完成。

本研究将在珠江三角洲地区众多的休憩广场（文化广场）中选择有代表性的样本，对其环境做出使用后评价（Post-Occupancy Evaluation），得出评价后的等级，并找到决定广场环境质量好坏的主要环境因子，在此基础上再对各个环境因子的因素进行行为模式的研究。本研究综合了环境心理学、概率统计学、社会学、建筑学、城市规划学等多学科的研究方法，得出的结论将更具有科学性和实用性，并将对已有的有关休憩广场的规划和设计的理论、规范作较大的修正和补充，必将对珠江三角洲地区的未来休憩广场的建设具有较大的理论指导意义。

珠江三角洲地区1999年以前已建成使用（文化）广场统计表[1]　　表1-1-1

市别	广场数量(个)	占地面积(m^2)	投入资金(万元)
广州市	17	247900	5547.8
深圳市	34	539695	23336
惠州市	4	365224	13077
东莞市	7	262615	4072040720
中山市	12	49400	448
江门市	6	83400	3094.6
佛山市	17	167550	15371.5
肇庆市	16	385000	378
珠海市	4	9500	295
合计	117	2110284	102267.9

珠江三角洲地区1999年建成使用（文化）广场统计表[2]　　表1-1-2

市别	广场数量(个)	占地面积(m^2)	投入资金(万元)
广州市	8	250500	85409
深圳市	15	282000	9780
东莞市	1	25000	1500
中山市	1	10000	60
江门市	2	31200	5600
佛山市	5	85000	3423
合计	32	683700	105772

1.2　过去研究的状况和本研究的特点

作为城市公共空间的广场，在西方的出现最早要追溯到古希腊时期，历经古罗马、中世纪、文艺复兴与巴洛克、绝对君权时期，一直发展成现代城市广场，可谓历史悠久、发展持续。广场的理论研究也已经非常全面、系统。早在古罗马时期，维特鲁威在《建筑十书》中就对广场有着较全面的阐述，他描述："希腊人把市中心广场制定为方形的二层柱廊的形式，许多柱子用石制的或大理石制的额缘来装饰，在上面的楼层建造成游廊，在意大利的各座城市中则不采用与此相同的方式来建造，因为在广场上举行斗剑比赛的习惯是由祖先流传下来的……”[3] 近现代的广场设计理论则是与城市规划、城市设计和建筑设计密切相关的。从霍华德的“田园城市”，到柯布西耶的功能主义等都有自己关于城市公共空间（包括广场）的独特理论和思想（图 1-2-1）。

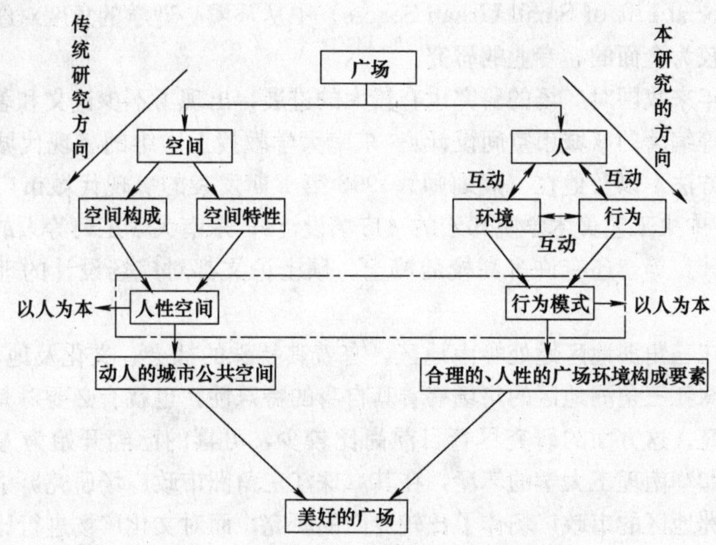

图 1-2-1　本研究方向和传统研究方向的比较

在现代对城市广场研究较为全面和较有影响力的论著主要有：凯文·林奇（Keuin Lynch）的《开敞空间的开放性》(The Openness of Open Space)、《良好的城市形态》(Good City Form)、《城市意象》(The Image of The City)；F·吉伯德（Fredderik Gibberd）的《市镇设计》（Town Design)；C·西特（Camillo Sitte）的《城市建设艺术》（City Planning According to Artistic Principles)；E·培根（Edmund Bacon）的《城市设计》(Design of Cities)；G·卡伦（Gordon Cullen）的《城市景观艺术》（The Concise Townscape）等。

上述著作几乎都是从城市规划和城市设计的角度来探讨广场的空间结构、空间特征、空间组织和空间意义等等。

然而，所有的空间都是为人服务的，人才是空间的惟一主体。随着冰冷的现代主义逐渐被人们摈弃，人文主义又重新被提到一个新的高度，可持续性发展成了一个刻不容缓的主题，这也意味着人与环境的对立关系宣告结束，从而确认了一种全新的人与环境统一的、和谐的关系。尤其是在 20 世纪 70 年代，随着环境心理学的兴起，更是为研究城市公共空间（包括广场）又开辟了一条全新的道路和途径。比如，美国著名建筑理论家克里斯托夫·亚历山大（Christopher Alexander）的《建筑模式语言》(A Pattern language）从环境心理学和行为心理学的角度详细地研究了城镇的253种环境状态下的人的行为模式；扬·盖尔（Jan. Gehl）在《交往与空间》（Life Between Buildings, Using public space）、芦原义信在《外部空间设计》中也从行为学、心理学的角度对城市公共空间（包括广场）进行了深入的研究；美国的威廉·怀特（William H. Whyte）则在《城市小空间中的社会生活》（The Social Life of Small Urban Spaces）中从环境心理学的角度对纽约的广场进行较为全面的、专业的研究。

近年来我国对广场的研究也有较大的进展，出现了不少论文和著作，如夏祖华等编著的《城市空间设计》；东南大学教授王国维的《现代城市设计理论和方法》以及他在《规划师》1998第1期发表的《现代城市广场规划设计》；中央工艺美术学院郑宏的《广场设计》；东南大学王珂等人的《城市广场设计》等。还有许多高校的博士、硕士论文都对广场设计的理论进行探讨。

珠江三角洲地区地处岭南地区，有着其特殊的社会、文化及地域背景，因此，珠江三角洲地区的广场有着其自身的特殊性，也就有必要对其进行专门的研究。这方面的研究尽管目前尚比较少，可喜的已经开始为人们所重视，比如华南理工大学的苏涵，在其《珠江三角洲市政广场研究》中就对珠江三角洲地区的市政广场作了比较专门的研究。而对文化广场进行比较详尽探讨的则有华南理工大学向星的《现代城市文化广场建筑设计研究》。

综合上述研究成果，将发现对我国的广场（包括珠江三角洲地区的广场）的研究基本是从城市规划、城市设计及建筑设计的角度来研究和探讨广场的发展史、广场空间特性和空间构成的。然而，对于广场主体的人，包括人对广场环境的使用后评价（POE）、人在广场中的行为模式、人与环境的互动关系等领域的研究却还相当少，也没有形成系统。

使用后评价（Post-Occupancy Evaluation，以下简称POE）是20世纪50年代末60年代初才开始在西方出现并逐步得到完善的新兴学科，现在已广泛地应用于各类建筑及环境的评价中，尤其是在西方已成为建筑及环境设计和建设的一个必不可缺的环节。但是，在我国这方面的研究尚比较落后，也未形成一套完整的理论框架和方法程序。从20世纪90年代初起，部分学者借鉴国外理论成果，开始了对使用后评价从方法、内容、分析等多方面的研究。如20世纪90年代初，由吴硕贤教授主持的“城市居住区环境质量综合评价”研究项目，将使用后评价的基本方法（问卷调查法）运用于住宅区研究中，并采用模糊集理论的科学分析方法，使主观评价结果的不确定性得以量化，更加趋于客观和理性[4]；1990～1993年，中日两国合作项目“中国城市小康住宅研究”对全国9个大城市进行了长时间、大规模的居住实态调查研究，采用了包括问卷调查法、专业人员现场记录法、摄像法等方法取得了有价值的第一手评价资料，为发展小康住宅的新模式提供了参考。但居住实态调查未能采用一套完整的评价体系、程序方法和科学的统计分析方法，使该项研究未达到相当的理论深度[5]。对城市广场的使用后评价和研究，也有学者开始作了一定的研究和探讨，如重庆大学建筑城规学院的陈旭锦对重庆人民广场的环境进行了一定的数据收集及问卷调查，并做出相应的数理分析和结论[6]；重庆大学建筑城规学院的孔冰也对重庆人民广场进行了一定的数据收集及问卷调查，从而对广场中人的休憩行为进行了探讨[7]。这些难能可贵的工作为我们对城市广场的使用后评价做出了良好的开端，但还有待于进一步的深化和完善，以形成一套完善的系统。

POE是对建筑及环境在其建成并使用一段时间后，应用社会学、人类学、行为学、心理学、社会心理学等人文学科以及数学、统计学等技术性学科和建筑学、城市规划学等进行交叉研究，对建筑物及环境进行的一套系统的、严格的评价程序和方法，并通过对建筑和环境设计的预期目的与实际使用情况进行比较，以期得出建筑及环境的使用后情况及其绩效（performance)，从而提出反馈意见和标准，为将来建成更好的建筑和环境提供可靠的依据。POE的实质就是在建筑及环境投入使用后评价其绩效——将所评价的建筑或环境的实测资料，与建筑或环境的绩效标准进行比较，判断是否合格，并将有关的信息反馈给业主、使用者、设计人员及有关部门作为基础资料，这类基础资料经认可后可作为设计指南，并成为修改设计规范的佐证，供今后同类建筑或环境设计使用。“绩效”实际上就是“标准”的概念，即建筑与环境的设计标准，建筑与环境现在的使用标准，评价者以专家的身份选择的标准，业主或使用者所期望的标准等。所以，使用后评价就是对建筑绩效进行评价，同时，通过对使用者（包括个人、群体和单位）和物质环境（包括场景环境、建筑和设施）两个对象的研究，制定出由技术、功能和行为因素组成的绩效标准。因此，使用后评价的内容主要考察技术、功能和行为三方面的因素，功能因素和行为因素是不可截然分开的，实际上它们都属于建筑及环境的“适用”范围。其实，使用后评价要考察的主要就是两个方面的因素：客观因素与主观因素。

本研究的特点就是立足于以人为研究的主线（而不是空间为主线）来对休憩广场加以研究和探讨。首先对广场环境（主要是功能因素和行为因素）作使用后的评价，并得出被选择研究的样本广场的环境等级，以此为基础来探讨广场功能因素中决定广场环境好坏的因子和因素，从而探讨广场的行为因素（即人的行为与环境的互动关系），得到广场环境中的人的行为模式，参照这些行为模式再构架出合理的广场环境构成要素。

1.3　研究的方法与步骤

休憩广场在广场的分类里是一个比较模糊的概念，对其加以详尽的阐述和界定是非常必要的，故本研究将首先对此作详细的探讨和定义。要对休憩广场做使用后评价，首先必须对 POE 的发展历史及其未来发展的方向进行简单的回顾和展望，并对 POE 的理论体系做一个简要的介绍（图 1-3-1）。

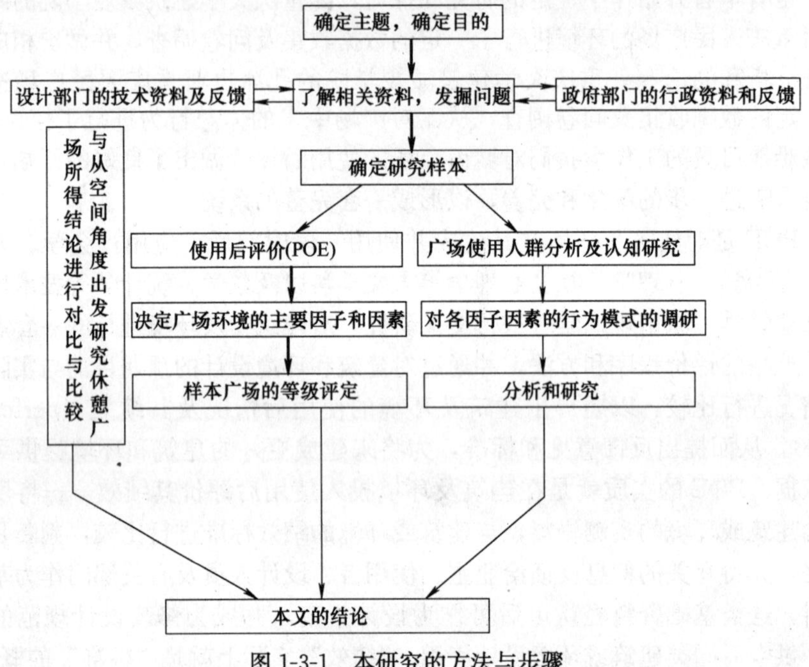

图 1-3-1　本研究的方法与步骤

在珠江三角洲地区众多的休憩广场里如何选择合理的、具有代表性的广场作为研究样本，将直接影响本研究的结果。所以，随后笔者将详细地介绍选定有代表意义的五个休憩广场作为研究样本的过程和方法，并把构成广场的环境因子和因素加以归纳和总结，确定相关的调查表和调查的方法、时间、地点等等。

构成广场环境的除了物质环境以外，还有社会环境和概念环境。社会环境和概念环境对人的行为的影响是通过物质环境来实施的。所以，对广场环境的使用后评价主要是对其物质环境进行评价，并应用模糊层次分析法和主成分分析法，将得出五个广场的评价等级和决定广场环境好坏的主要因子，从中可知现有已建成的休憩广场环境的“绩效”。

得出决定广场环境的主要因子后，再运用环境心理学的理论和研究方法，辅以观察法、问卷调查法、实验法、访问法，详细地研究广场中人群行为的三种基本模式，以及决定广场环境的因子与人群行为的互动关系，从而得出改善这些因子的措施和策略。参照前人的从空间角度出发研究的成果，比较广场设计的相关规范，提出设计广场及其环境的见解及理论，得出本研究的结果。

1.4 本章小结

本章首先指出珠江三角洲地区休憩广场现状，总结了前人对珠江三角洲地区休憩广场相关研究的成果，在此基础上，再详细地介绍了本研究的动机、意义和方法。本研究将首先对珠江三角洲地区休憩广场进行环境的使用后评价，以其得出各研究样本的评价等级和影响广场环境质量的主要因子，并对广场内的人群的基本行为模式进行详细的探讨，在此基础上来分析环境—行为的互动关系，最后得出对休憩广场设计具有指导意义的理论。

参考文献

[1] [2] 中共广东省委宣传部，广东省文化厅. 关于表彰广东省首届“十佳文化广场”的决定. 粤宣发［1998］18号.

[3] 陈志华. 外国建筑史（十九世纪末以前）［M］. 北京. 中国建筑工业出版社，1979.

[4] 吴硕贤，张三明，霍云，李劲鹏. 城市居住区环境质量综合评价（浙江省自然科学基金资助项目）. 浙江大学建筑系建筑环境物理研究室，1993.

[5] 广州地区老年住宅居住实态调查/广州市民用建筑科研设计院科技档案. 1997. 11.

[6] 陈旭锦. 重庆人们广场调查及技术统计分析. 建筑学报. 1999，4.

[7] 孔冰. 广场选择性休憩行为方式研究. 苏州城建环保学院学报. Vol. 13 No. 2，2000，6.

第二章　休憩广场的定义及环境使用后评价的发展背景与理论

2.1　城市开放空间（open space）及城市广场

2.1.1　城市开放空间的初步概念

现代城市开放空间系统是建立在生态规划设计观的思想基础之上，生态文化是关于人与其生存环境和谐相处、协调发展的一种文化。生态观念的基本内涵则是“主体与环境”的相互关系[1]。生态文化和生态观念不仅孕育了可持续的发展观，更导致了人类认识水平的一次飞跃。

20 世纪 60 年代以来，以麦克哈格（Mcharg）为代表的一些生态学家出身的规划师把生态学原理运用于城市的规划设计工作中，在规划中引入并发展了基于生态学原理的规划方法和规划原则，发展了“基于生态原理的规划设计思想”，即“广义的生态规划设计观”，从而对世界范围的城市生态学及城市规划领域产生广泛而深远的影响。现代城市开放空间系统的建构正是在生态观念的思想基础上产生的，是生态规划设计观的一种具体表现。

具有现代意义的城市开放空间概念的出现大约是在 1877 年的英国。英国伦敦于该年制定《大都市开放空间法》（Metropolitan Open Space Act），对城市开放空间进行管理。1906 年修编的《开放空间法》(Open Space Act) 将开放空间定义为：任何围合或是不围合的用地，其中没有建筑物，或者少于 1/20 的用地有建筑物，用剩余用地作公园，或娱乐或者是堆放废弃物，或是不被利用[2]。这是对开放空间的最早的物质意义上的定义。

作为现代城市规划和城市设计的主要研究对象之一的开放空间，各国的法律和学术研究对其概念和范围有着各种不同的解释。

美国 1961 年房屋法规定开放空间是“城市区域内任何未开发或基本未开发的土地。具有：（1）公园和供娱乐用的价值；（2）土地及其他自然资源保护的价值；（3）历史或风景的价值。”[3]

C. 亚历山大在《建筑模式语言：城镇建筑结构中》对开放空间的定义是：“任何使人感到舒适，具有自然的屏靠，并可以看往更广阔空间的地方，均可以称之为开放空间。”[4]

凯文·林奇则认为：“只要是任何人可以在其间自由活动，就是开放空间，开放空间可分为二类，一类是属于城市外缘的自然土地，另一类则属于城市内的户外区域，这些空间由大部分城市居民选择来从事个人或团体的活动。”[5]

“开放空间可分为自然与人为两类，自然景观包括野生地、海洋、山川等，人为景观则包含农场、果园、公园、广场与花园等。”艾克伯是这样定义开放空间的[6]。

“开放空间是城市发展中最有价值的待开发空间，它一方面可为未来城市的再成长作准备，一方面可提供城市居民户外游憩的场所，且有防灾和景观的功能”[7]。

我国也有学者认为“开放空间是指城市公共外部空间，包括自然风景、广场、道路、公共绿地和休憩空间等。”[8]

上述的种种对开放空间的定义，有些相似，有些有较大的差距，因为不同研究方向和立法角度不同在所难免。但是综合西方国家对城市开放空间100多年来的理论探索和实践经验以及我国城市发展的现状，城市开放空间在目前应当有更新意义的内涵。

城市开放空间就是城市中提供市民公共活动的自然或人为的外部公共空间，它包括：(1)江湖水泊、森林、农地等自然风景；(2)城市道路等硬质景观；(3)城市公共绿地、公园等软质景观；(4)城市广场等娱乐休憩空间。

城市开放空间，必须具备以下功能：

(1)提供公共活动场所。

这就要求这种公共活动场所具备几个特质；①开放性，即不能将其用围墙或其他方式封闭起来；②可达性，即对于人们是可以方便进入到达的；③大众性，服务对象应是社会公众，而非少数人享受；④功能性，开放空间并不仅仅是供观赏之用，而且要能让人们休憩和日常使用[9]。

(2)具有生态、娱乐、文化、美学等多重目标和功能。

生态性表现在改善地区自然环境、提高生态多样性、保持生态稳定性、改善城市生活的自然品质、提高环境的自净功能。文化性不仅包括自然环境要素，又要包括社会文化要素；不仅包含各种城市文化职能，如游憩、教育、交往，而且起到保护历史景观地带、构造城市景观特性及个性、营造纪念性场所、体现城市文化氛围的作用。娱乐性，城市开放空间应该成为市民举行各种演出活动、大型集会、自娱自乐，甚至各种体育运动的最佳场所，某种程度上说是城市现代人的“朝拜祭祀地”。美学性，是市民陶冶情操、心灵净化的理想场所。

(3)开放空间必须是可持续发展的。

这就要求开放空间必须具备以下特质：①要解决城市快速发展中出现的生活和环境问题，创造现代都市生活所期盼的舒适、方便、富有人情味的活动空间；②改善城市空间，提高景观质量，增强城市活力，塑造现代城市氛围；③与整体环境融为一体，适应城市未来的发展。

2.1.2 最具价值的开放空间——城市广场

城市开放空间就是城市中提供市民公共活动的自然或人为的外部公共空间。在人为的外部公共空间中，城市广场是最具价值的城市开放空间之一。

首先，城市广场是城市中最具有公共性、最富艺术魅力，也最能反映现代都市文明的开放空间之一，常被人们誉为城市的“起居室”，城市的“客厅”，各式各样的都市活动都在此进行。比如，威尼斯的圣马可广场即被喻为“全欧的歌舞场”（Ballroom of Europe）。

广场的安适感促成人对场所的认同。凯文·林奇把城市意象中物质形态归纳为五种元素，即道路、边界、区域、节点和标志物。“尽管从概念上节点是城市意象中很小的点，但事实上它可能是很大的广场，……”[10]广场是最容易成为城市的节点，对此，林奇举了很多实例加以说明，如“洛杉矶的珀欣广场是一个突出的例子，其中有代表性的空间、植物和活动，构成了可能是城市意象中最鲜明的节点。波士顿有好多这类的节点，诸如奥尔维拉大街和与之相连的广场，乔丹—菲莱纳转弯和路易斯堡广场……路易斯堡广场是另一个主题集中的节点……它作为节点的重要性超过其所有的功能部分。”[11]作为节点的广场自然成为城市中独具特色的地方；广场成了都市中最能传达“地方风格”（Genius）的特点。

广场是维持都市生机的重要器官，它可以调节都是空间的韵律，行人运动的速度与城市活力；广场可以容纳突如其来的人群集结，吸收爆发的能量；同样的，广场也可以为原本沉静的都市带来起码的活力。广场的虚与建筑物的实无不营造了都市空间特有的节奏与韵律，为城市的交通网添加了抑扬顿挫、柳暗花明的效果。广场常常是城市的空间和交通枢纽，如果路代表是运动，那么广场便是一个休止符，广场为路人的休息站，肉体上以及心灵上的压力均得以在此得到舒解，是“心灵的停泊处”[12]。广场的“空”同时提供人们足够的视觉距离来瞻仰广场边的重要建筑物，从容地欣赏城市之美，因而，广场成了都市内最容易呈现天际轮廓线与都市魅力的地方。

广场是公共生活产生的场所，每日在广场中发生的，皆是如戏人生中的幕幕场景。人生如戏，广场正是一座人生的舞台，表现了都市的各种繁荣与没落、悲欢与离合、盛荣与衰败、兴旺与丑陋……理性的美和感性的美都能在这个大舞台里得到充分的展现。在广场里既存在充满逻辑的数的比例的美，人们可尽情欣赏“凝固的音乐”——建筑常给人们深沉的美，以及建筑师在广场设计时所凝集的理性的智慧美，同时，还可欣赏到广场内的画家、艺术家乃至流浪艺术所带来的感性美甚至喧嚣，它对市民情操的陶冶和美学的提炼都是一个最佳的场所。

同时，广场更是都市市民人文主义精神和追求民主和自由的心灵灵光的折射镜。毋庸置疑，广场是民主与公共生活的产物，凡广场发达的时代必定享有一定程度的民主政治。“只有当某一文明中的芸芸百姓成为‘市民’之后，民主思想才有某种程度的展开，人聚之处（The gathering place）方能日益重要而成型。”[13]而公共生活不但为广场注入了生命，也直接促进了广场的演进与成长。

中国古代虽有其独特的城市开放空间，但却一直未能形成广场空间，这与我国传统的封建专制是息息相关的。由于一直没有真正的民主制度，更无西方城市公民与市民的观念，我们过去的居住环境都是由全城的“城围”到家族的“家围”，形成层层包围的封闭世界。以家族为单位，大家施行的向心力造就了独特的四合院文化，城市开放空间也表现为街道文化，但始终不能普遍地产生全民参与的广场文化。

2.1.3 城市广场的定义

根据意大利《都市暨建筑百科》（II Dizionario enciclopedico di architettura e urbanistica）的定义：广场是由都市建筑物明显地包围界定出的一块非限定使用之空间，并可提供多种功能（uno spazio libero，circondato prevatenlemente da edifici，che assume funzioni diverse）。19 世纪奥地利著名的都市规划家 Camill Sitte 说过“由艺术的观点，一块未建的空地不足成为都市广场。由美学来看，广场应加入丰富的装饰，意义与气息”（Der staedtebau ch. 3）Zucker 提到：“合于艺术观点的广场远超仅是空处；它们代表的是有组织的空间，事实上广场的历史意味着空间作为一种艺术创作主题的历史。”[14]广场除了是一都市空间外，还必须具备特定的条件与内容，更蕴含着多重的意义。Zucker 提到一个都市中心的封闭空间若不能提供公共生活与交通两项机能，即没有资格被称为广场。日本广场学者加滕晃规提到：“都市需要一座发挥整合功能的空间，它需要一个社交中心，不论室内或户外，使都市不再是个简单的聚合而已。广场作为户外空间就是都市社会化元素的原始典型。……广场不只是都市中的开放空间，更应是都市组织的一部分。建筑物间的空地若不具备这种凝聚能力（Coherence）则不可以称为广场。”[15]

由此，我们可以确定广场是个供“生活”产生的开阔的场所。“生活”意味着一连串事件的“发生”。英文中的“发生”即 take place，说明自古以来生活、场所及广场三事早已密不可分。公众生活是广场的生命，没有活动“发生”的空地便不能称为广场。

“场”字的解释[16]，有五种：①指宽广平坦的空地，如操场；②指办事或聚会的地方，如商场、游乐场；③指处所的通称，如战场、沙场；④指事情由始至末为一场、如一场球赛、一场事端；⑤指戏剧的一节为一场。中文的场字除了包含一般人所谓的广场的全部含意外，更意味着某种特定的领域、某件事或某一活动。因此，广场这词可以解释为兼具空间与活动的双重意义。

这种“take place”、“活动的发生”、“事件的发生”并非一般意义的事情的“发生”，而有其特定的政治指向和文化指向。

并非每一个文明皆能产生广场。古埃及、两河流域及印度等古老文明皆未出现过广场，“直到公元前500年之后，希腊才发展出真正的广场……”[17]。广场的出现必须满足两个基本的条件，第一就是市民文化，所谓市民文化是居民与城市有特定权利与义务的相互关系，市政有赖市民参与，而城市则是供居民享受公共生活与公民权利的地方。第二，广场是民主与公共生活的产物，凡广场发达的时代必定享有一定程度的民主政治。只有当某一文明中的芸芸百姓成为“市民之后”，民主思想才有某种程度的展开，人聚之处（the gathering place）方能日益重要而成型。公共生活不但为广场注入了生命，也直接促进了广场的演化与成长。它不仅是机能性的需求，更是人与都市环境互动的具体表现。

市民文化是建立在市民社会基础之上的，“市民社会”是相应于 civil society 这个西方概念的三种译名之一，“原指西方资产阶级社会或中产阶级社会，亦即所谓 Burgerliche Gesel—lshaft 的概念”（civil society 另两种译名“公民社会”、“民间社会”)[18]。我们所指的“市民社会”（civil society）所突出的乃是韦伯所谓的 impersonal 的人际关系和群体组织关系。这种市民社会有着共同的特性——如以市场经济为基础，以契约关系为中轴，以尊重和保护社会成员的基本权利为前提，以民主参事为构架等。市民社会都是“立基于原有的国家与社会分野，寻求社会透过民主参与、社会运动、治结社以及舆论影响而对国家政治决策进行参与和影响”。[19]因而，广场中的“take place”（活动、发生）的事件是建立在市民社会基础上的市民文化活动，是带有普遍的社会性的活动。

因此，作为城市广场必须合乎以下六个基本条件：

(1) 都市开放空间（open space）；

(2) 由建筑物或其他物体自然或人为界定；

(3) 供公众使用——是市民参与市民社会活动和展示市民文化的聚集地；

(4) 非临时性；

(5) 非特殊功能的设施；

(6) 功能的多样性。

2.2 休憩广场的概念及定义

2.2.1 现代城市广场及其分类

广场自古希腊时期开始在城市中产生，经古罗马、中世纪、文艺复兴时期直至近现代，其空间形态和空间特质尽管也发生着一些变革，但并没有革命性的变化，它们都具备了上述的城市广场的6个特点，只是在尺度和空间围合形式发生一些变化。古希腊时期的广场，空间形态比较灵活，表现为一种自然的有机形态，人神共融的空间；古罗马广场的空间形式已经加入了人的意念，为了表达出帝国的荣耀和权威，广场的布局更为严谨，空间气质有较强的纪念性；中世纪的广场继承了古罗马广场的布局和空间形态，只是在教堂广场更强调了某些对称和构图，以强化对神的膜拜和崇高感；到了文艺复兴时期，解剖学、几何学和透视学等理性观念在广场的空间环境中得以体现，广场的空间形态企图将数字和几何转化为广场空间的“美”的工具，几何比例学在神与艺术间扮演着媒体的角色，成了广场视觉创作的工具；绝对君权时代的追求理性和追求君权的张扬，使广场的空间形态更为严谨和压迫，更注重端庄典雅的纪念性构图，对形式美的追求达到了病态的形而上学的地步；近代大工业革命的到来，导致广场衰败，广场的空间形态和空间特质在城市公共空间里只是起着类似构图和交通组织的配角作用；到了现代，广场才在城市公共空间里成为富有人性的开放空间，其空间形态也极活跃，出现了平面形式为正方形、长方形、梯形、圆形和椭圆形以及自由形等形式的广场，同时，在空间特质上还出现了下沉式、上升式广场等等。

仅仅从空间形态和空间特质来对广场进行分类，只能反映广场的外部特征，随着广场在城市公共空间所承担的功能的细分化，不同性质的广场中人的“行为”和“发生”（take place）的事件有着明显的区别，因此，从人的行为和广场的使用性质来对广场进行分类更能反映广场的内在本质。

按此方式，一般可分为以下几类：

（1）集会广场。

集会广场包括政治广场、市政广场和宗教广场等类型。集会广场一般用于政治、文化集会，庆典、游行、检阅、礼仪，传统民间节日活动，这类性质的广场也是政治集会、政府重大活动的公共场所，如天安门广场等。集会广场中还包括宗教广场，它一般布置在教堂、寺庙及祠堂前举行宗教庆典、集会、游行，这类广场在我国城市中比较少见。

（2）纪念广场。

纪念广场主要是为了纪念某些人或某些事件的广场。它包括纪念广场，陵园广场、陵墓广场等。纪念广场通常在广场中心或侧面以纪念雕塑、纪念碑、纪念物或纪念性建筑作为标志物来营造纪念广场的主题，如美国华盛顿越战纪念广场。

（3）交通广场

交通广场包括站前广场和道路交通广场。交通广场是城市交通系统的有机组成部分，它是交通连接枢纽，起交通、集散、联系、过渡及停车作用，并有合理的交通组织。交通广场由于是进出一个城市的门户，位置重要，因此，整个广场的空间形体、交通组织及环境营造都给过往旅客留下深刻、鲜明的印象，如广州火车站广场、上海新客站主广场。而道路交通广场是由交通干道交会形成的广场，由于它往往位于城市主要轴线上，所以其景观对形成整个城市风貌的影响也很大。

(4) 商业广场

商业广场包括集市广场、购物广场。

商业广场是城市广场中最常见的一种，它是城市生活的重要中心之一，用于集市贸易和购物。商业广场大都位于城市的商业区，以步行环境为主，内外空间相互渗透，既便于购物，又可供人们休息、交游、饮食等。商业广场是商业中心区的精华所在，人们在此可以观察到富有特色的城市生活模式。

(5) 休憩广场

2.2.2 休憩广场的概念及定义

2.2.2.1 闲暇与休憩

科技进步可促进生产力发展和生产效率的提高，给人类带来更多的自由闲暇时间。早在20世纪60年代，美国著名社会学家丹尔·贝尔就提出未来社会是闲暇社会，人类历史上将第一次面临闲暇时间的压力所产生的社会问题。美国著名经济学家凯恩斯也曾预言，人类将第一次面临真正的永久问题——如何度过闲暇。闲暇的增加正在改变着人们的价值观、生活和劳动意识。

闲暇的英语单词是leisure，来自拉丁语Licere，意思是“自由的没有压力的状态”。美国百科全书对闲暇的解释是“从工作和义务中解放出来”，“能用于娱乐和消遣的时间”；日本《城市问题百科全书》认为现代城市生活者的闲暇包括：(1) 闲暇是一种自由时间；(2) 闲暇是轻松自在的身体、心理状态或活动。

“休闲”是对应于“闲暇”在汉语里出现最多的词汇。

休是停止，罢休（事情）的意思，《说文》曰：“休，息止也，从人依木”。“闲”字指没有事情，没有活动，有空（与忙相对）。而作为一个合成词，“休闲”是近年才应用得比较多的词。新版《辞海》解释说，(休闲) 原指“农田在一定时间不种作物，借以休养地方的措施，在地广人稀的地区以及受某些自然、经济条件限制的情况下常采用较长时期（约一年左右）的休闲……”，新指“闲而无事曰休闲”。实际上休闲包括两个方面的含义，即闲暇时间与闲暇活动。而在闲暇时间内所从事的活动称之为休憩（recreation）。“recreation”也有人把它译成为“游憩”[20]，还有译为“休闲”，recreation的本意是轻松、平静、自愿产生的活动，笔者认为把它译为“休憩”

更确切。

休憩活动的分类：①从场所分，可分为为室内休憩（indoor recreation）和户外游憩（outdoor recreation）。②从性质分，可分为体育性、娱乐性、文化性、研究性及自然性等。③从状态分，可分为静态和动态、被动和主动。身体不动性的休憩活动如看电视、打牌等为静态；具有身体移动的休憩活动如远足、打球等属于动态休憩。非参与性休憩活动如观赏风景、观看文化景观及比赛等，属于被动休憩；具有参与性的休憩活动如打球、参与表演等属于主动休憩。

休憩的层次。休憩活动归纳起来有四个层次：①室内休憩；②社区休憩；③城区休憩；④地区休憩。四个层次的休憩，形成了由近及远、从大众化到专门化、从多数人到少数人的休憩体系。城区休憩主要包括商业、工业、公园、广场、标志建筑、学校、娱乐及体育等休憩活动；社区休憩指在居住区内的户外休憩活动如邻里交往、散步及静坐等，两者都是日常生活的组成部分。

2.2.2.2 休憩广场的定义

现代城市中为人们提供游玩、观光、锻炼、休闲及演出等休憩性活动的广场，称之为休憩广场。

现在很多流行媒体（包括报纸、杂志）甚至一些专业杂志及政府文件中常提及“文化广场”，所指的就是休憩广场，这种称谓比较强调广场的“文化性”——比如群众性演出等。其实，演出、汇演等文艺活动就是休憩性活动之一，属于主动式的休憩行为，但人们还是习惯性地把这种广场称之为“文化广场”。

对这类广场的称谓，国内目前还存在着其他一些观点。比如，广东省建设委员会于 1998 年 9 月发出的《城市广场规划设计指引》中，称之为“游憩广场”；也有称之为“文化娱乐休闲广场”[21]；还有的称之为“休息及娱乐广场”[22] 等等。尽管叫法不一样，但所指的内涵和外延基本是一致的。“休息”和“休憩”的中文在《辞海》里的意义是一样的，而“娱乐”是属于休憩的一种，故“休息及娱乐广场”就有母概念和子概念重叠之嫌，笔者认为不尽合理。同理，“文化娱乐休闲广场”也有此同样的毛病。“游憩”和“休憩”都是 recreation 的中文翻译，吴承照在《现代城市游憩规划设计理论与方法》中把 recreation 翻译为“游憩”，故《城市广场规划设计指引》中把这类广场称之为“游憩广场”也是比较合理和科学的。

然而，在游憩活动体系中，游憩所涵盖的外延更宽更大，而且更强调参与性的主动游憩和动态的游憩活动，相反，广场中的休闲却比游憩外延缩小了许多，也表现为更多的是静态的被动的游憩行为和活动，故笔者认为“休憩”比“游憩”更适合广场中的人的休闲行为。

所以笔者认为把这类广场称之“休憩广场”更科学、合理。

2.3 建成环境使用后评价的发展历程及其理论体系

2.3.1 使用后评价（POE）概念

使用后评价（Post-Occupancy Evaluation，以下简称 POE）是对建筑及环境在其建成并使用一段时间后，应用社会学、人类学、行为学、社会心理学等人文学科以及数学、统计学等学科和建筑学、城市规划学等进行交叉研究的方法，对建筑物及环境进行的一套系统的、严格的评价程序和方法，并通过对建筑和环境设计的预期目的与实际使用情况进行比较，以期得出建筑及环境的使用后情况及其绩效（performance），从而提出反馈意见和标准，为将来建成更好的建筑和环境提供可靠的依据。

“绩效”（Performance）在使用后评价理论中是一个重要概念。“绩效”实际上就是“标准”的概念，即建筑与环境的设计标准、建筑与环境现在的使用标准、评价者以专家的身份选择的标准、业主或使用者所期望的标准等。所以，使用后评价就是对建筑绩效进行评价。通过对使用者（包括个人、群体和单位）和物质环境（包括场景环境、建筑和设施）两个对象的研究，制定出由技术、功能和行为因素组成的绩效标准。

2.3.2 使用后评价发展及现状

对建筑及环境进行非正式的或主观的评价自古以来就存在，但是现代科学意义的 POE 直到 20 世纪 50 年代末 60 年代初才开始出现并得到完善。

20 世纪 60 年代，关注于人的行为与建筑设计关系的研究日益增长，导致了人的行为与环境设计关系的研究这一新的研究领域的产生，并且出现了各学科间的专业人员的联合组织，比如 1968 年成立的环境设计研究协会（Environmental Design Research association）。协会成员包括建筑师、规划师、设施管理者、室内设计师、心理学者、社会学者、人类学者和地理学者等。协会主要关注以下几个方面：基于人类行为的建筑与环境研究，设施规划等，最重要的是 POE 的研究。协会发行了大量的关于建筑与环境评价的刊物与杂志，比如《环境与行为》（Environment and Behavior）、《环境心理学杂志》（Journal of Environmental Psychology）；其他建筑杂志，如《建筑与进步建筑》（Architecture and Progressive Architecture），也开始登载建筑与环境评价的文章。

POE 大致经历了如下几个发展历程：

一、POE 的发展初期

20 世纪 50 年代末至 60 年代初，西方各国已普遍度过了第二次世界大战后的恢复时期，经济开始起飞，科技迅猛发展，城市人口激增——这一切使建筑业面临着前所未有的大规模营造活动。传统的建设程序、营造方式在建造速度、建设质量方面均不能满足要求，人们对建筑质量的要求却不断提高，工业化建筑随之应运而生。然而，大规模的工业化建筑的千篇一律以及对人的行为的漠视，又使人们对建成的建筑及环境产生愤懑，POE 正是在此背景下发展起来。

20 世纪 50 年代末西方开展了对住宅生活环境质量的调查评价工作，初期的评价工作主要是由社会学家参与，并对居民的居住使用意向进行调查。同时，早期的 POE 还集中在对大学公寓的评价上，通过评价，发现此类建筑效益低，现实使用情况与预期的设计效果有很大差距。1960 年代后期，开始进行了大量的 POE 工作，1970 年代初，第一个有关 POE 的研究成果——建筑与医学方面的协作成果见诸报道。同时，在英国，此类研究工作扩展到学校和办公楼等建筑类型。

自 1960 年代后，POE 在西方的城市建设和建筑计划的现状预测评价中就已经成为整个建设程序过程不可缺少的部分，其主要目的是为设计或决策提供科学可靠的信息，使建筑师更全面地考虑所面临的问题，并加强使用者参与设计。

相关学科的发展也为 POE 开辟新的途径。环境心理学、建筑心理学、行为科学等相关学科发展起来后，使 POE 更注重从“环境—行为”关系角度去研究人群主观环境评价和行为方式，但较少涉及物质环境的客观指标。与此同时，环境科学中的环境质量评价学的发展，也逐渐渗透到建筑学与城市学领域，使 POE 相继引入了城市环境质量评价和建设项目的环境质量评价，但其评价因素仅限于物质环境质量指标如大气、土质、水、噪声等，后来才开始考虑社会生活因素在内的综合评价。

总之，在这一时期的 POE 已确立了科学化的观念和以人为中心的价值取向，并注意吸收相关学科的成果而逐步发展起来。

二、POE 的成熟期

20 世纪 70 年代末至 80 年代中，POE 的理论和实践达到一个高峰，进入一个成熟期。

1970 年代，POE 的研究开始成为一门较为系统、严密的学科。研究对象包括了建筑的所有元素及其使用者群体；研究范围包含了健康、安全、坚固、功能要求、灯光、声学、热量需求、舒适以及心理舒适和建筑使用的满意程度等许多方面。评价实践发展到对多种复杂功能类型的建筑和城市大尺度空间环境的主观评价，包括办公室、医院、图书馆、学校、大尺度的景观和政府、军队的建筑设施等。评价因素从过去以客观硬指标为主转向多种复杂因素为主的主观软指标，更注重软硬指标的相互关系的研究。

1980 年代，POE 发展真正地形成了自己的学科，并且有了自己固有的专用名词。在理论上建立了相对完善的一套评价理论和方法体系，如主观评价方面，Moos发展的护理环境评价的标准程序、Kraik的景观评价方法、英国心理学家D·Ganter（1984）提出场所评价的元理论、加拿大心理学家Gifford的居住满意度模型。Wolfgang F. E. Preiser等人于1987年写的《Post—occupancy Evaluation》一书系统地介绍了POE的理论和方法，并有详尽的研究实例。

由于受到系统论、信息论等新的科学技术思想的影响，建成环境评价从定性描述转向精确地描述使用者舒适或满意度的科学化方向发展，环境心理学的许多理论性的实验结果也更多地应用于实际评价实践当中，例如A·弗雷德曼等人提出的“结构—过程”评价方法，就有科学技术思想的痕迹。

三、POE的多元整合发展期

20世纪80年代后，多元思潮对环境评价的影响，使POE在理论上更多地受到相关学科价值取向和研究方法的影响。在方法论方面，科学主义的方法不再是惟一合理的研究方式，人文社会科学的许多方法被更多地运用到实际研究中。

近几年，该学科一方面努力使原有理论和实践经验进一步深化，并探索更为综合化、普适化、适应性强的理论和方法体系；另一方面则在具体研究兴趣上趋向研究复杂性的主观评价，以及硬、软指标相结合的综合评价理论，涉及学科的综合化程度也进一步加大。例如，1997年在日本东京召开的“面向21世纪的环境—行为研究国际会议”，在评价方法研究领域，许多学者注重从文化方面来探讨人们对环境的主观评价，提出了不少新的理论。

另外一个趋势是主观评价越来越受到重视，这一点可以从西方国家的研究生论文窥见一斑。例如美国近年来的建筑学论文就有不少：密歇根大学的博士论文：“资助住房的满意度研究：沙特阿拉伯房地产发展基金计划的评价研究”（“Residents′ Satisfaction in Subsidized Housing：An Evaluation Study of the Real Estate Development Fund Program in Saudi Arabia”，1987，Abdul-Aziz Jamal Al-Saati）；“好的标准：印度低收入住房的满意度”（“How Good is Good：Residents’ Satisfaction with Low Income Housing in India”，1994，Vinitha Aliyar Ranganathan）。

实践上，POE已经涉及可持续发展建筑和生态建筑的评价，技术上也开始利用高技术手段如计算机虚拟现实辅助评价、结合GIS系统的辅助评价等，还开发出相关的计算机软件。

2.3.3 使用后评价相关理论体系

使用后评价（POE）的实质就是在建筑投入使用后评价建筑的绩效（performance）——将所评价的建筑或环境的实测资料与建筑或环境的绩效标准进行比较，判断是否合格，并将有关的信息反馈给业主、使用者、设计人员及有关部门作为基础资料，这类基础资料经认可后可作为设计指南，并成为修改设计规范的佐证，供今后同类建筑或环境设计使用。同时，通过对使用者（包括个人、群体和单位）和物质环境（包括场景环境、建筑和设施）两个对象的研究，制定出由技术、功能和行为因素组成的绩效标准。因此，使用后评价的内容主要是考察技术、功能和行为三方面的因素：

（1）技术因素：包括建筑及环境的结构、安全防火、配套卫生工程、采暖、通风、空调、电气、外墙、屋顶、室内装修、声环境、光环境及其他新兴技术因素（节能、生态、智能建筑设计等）；

（2）功能因素：包括建筑及环境的功能分区和空间布局、工作流程和联系、人流和物流流线、人的因素（即人体测量和工效学研究）、储存空间、建筑的机动性和改建、特定建筑及环境类型内部的专业化倾向；

（3）行为因素：包括建筑及环境的使用和接近程度、领域性、私密性、社会交往、对建筑环境的知觉和体验、空间定向和寻址、建筑及环境的意象、意义和象征等。

功能因素和行为因素是不可截然分开的，实际上它们都属于建筑及环境的“适用”范围。其实，使用后评价要考察的主要就是两个方面的因素：客观因素与主观因素。

使用后评价可分为三类：指示性评价、调研性评价、诊断性评价。

建筑及其环境的使用后评价有着多学科交叉的理论背景，是建筑学、环境心理学、环境行为学、社会学、自然科学等学科的综合课题。同时，已经具备了自身一套完整的理论体系和程序方法[23]（图 2-3-1）。

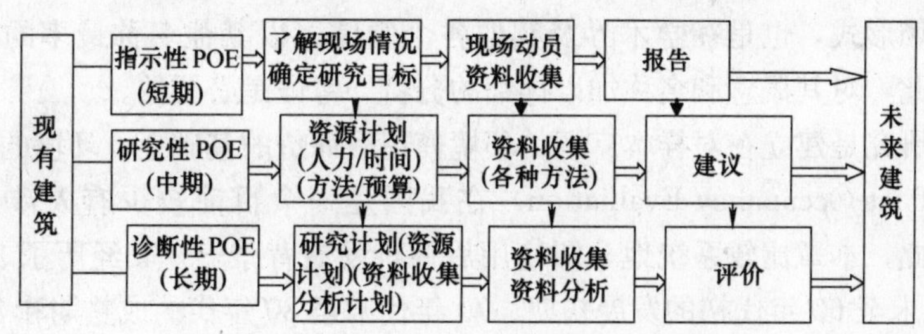

图 2-3-1　POE 理论体系和程序方法模型[23]

从程序上来说，基本遵循“选定评价对象—制定评价目标—制订评价计划—收集资料、采集数据—分析数据—报告结果、提出建议”等 6 个过程，见表 2-3-1。

使用后评价不断借鉴其他环境评价方法来充实其理论，比如，在评价方法和统计分析方法上和其他环境评价的界限已经很模糊，所以当代的 POE 研究呈现出多样性、科学性、多学科性的趋势。

使用后评价（POE）的程序及方法　　表 2-3-1

阶段	程序		方法	
	内容	目的	方法	内容
第一阶段了解情况	踏勘/了解情况，提出初步问题	项目的建造目的 项目建成后的状况 空间、面积是否足够、使用效率高低、全寿命费用情况、用户对建造环境的反映、设备系统运行情况等	走访 观察 初步谈话 查阅文件	与项目的统管负责人谈话，查阅设计任务书、说明书、设计图纸
第二阶段评价方法的设定	研究方法的设定	确定要调查的问题、对象、方法，要测试的内容、手段及指标等	访问	逐一访问设计人、业主、用户主管、施工单位、建筑管理人等，使问题进一步明朗化
第三阶段了解实体环境对用户的感觉及行为的影响	数据采集	使用人对实体环境的主观感受 对实体环境的客观测定，如室内温、湿度、光线、声音、工作面积、交通距离等	调查 测定	调查使用人 测定客观试题环境 确定调查对象的数量（样本大小，250～300），设计调查表（用语义学标度）
第四阶段数据分析得出结论	数据分析		统计分析方法	数理统计方法

2.4 本章小结

本章首先阐述了城市广场是城市中具有公共性、富有艺术魅力，能反映现代都市文明的开放空间之一，它在城市空间中承担了类似城市的“起居室”及城市的“客厅”功效。同时，指出城市广场出现的两个基本条件——广场是市民文化和民主与公共生活的产物。

现代城市广场通常可以分为五类，休憩广场是其中与市民休憩关系最密切的广场形式，也是在学术界及其他各个领域冠以其他名称最多的广场形式，因此，对其概念和名称加以详细的分析、考证是必要的。

本研究是建立在对样本广场的环境使用后评价的基础上，环境的使用后评价（Post-Occupancy Evaluation）在我国是一个目前较少有人涉及的领域，因此，本章比较系统地介绍使用后评价发展背景——其经历了20世纪50年代末至60年代初的发展初期、70年代末至80年代的成熟期和80年代后多元整合发展期。接着介绍了POE的理论体系，POE的实质就是在建筑或环境投入使用后评价其绩效（performance），明确指出POE的研究目标及其研究方法。

参考文献

[1] 陈敏豪．生态文化与文明前景．武汉：武汉出版社，1995：3.

[2] 于志熙．城市生态学．北京：中国林业出版社，1992：8.

[3] 国家环境保护计划局．环境规划指南．北京：清华大学出版社，1990：6.
[4] [美] C·亚历山大．建筑模式语言．北京：中国建筑工业出版社，1980.
[5] [10] [11] [美] 凯文．林奇．城市意象．北京：华夏出版社，2001：4.
[6] Eckbo G. The landscape we see.
[7] Chapin F. stuare. The Urban use planning.
[8] 卢济威，郑正．城市设计及其发展．建筑学报．1997：4.
[9] 王建国．城市设计．南京：东南大学出版社，1999：8.
[12] [13] [14] [17] Zucker，Town and Square. Columbia University Press，New York. 1966. 1.
[15] [16] 王维洁．南欧广场探索——由古希腊至文艺复兴．台湾．田园城市文化事业有限公司，1999年6月.
[18] [19] 张静．国家与社会．杭州．浙江人民出版社，1998：24-28.
[20] 吴承照．现代城市游憩规划设计理论与方法．北京：中国建筑工业出版社，1998.
[21] 郑宏．广场设计．北京：中国林业出版社，2001：1.
[22] 王珂，夏健，杨新海编著．城市广场设计．南京：东南大学出版社，1999：7.
[23] Ev Wolfgang F. E. Preiser，Harvey Z，Rabinowitz，Edward T. White. Post-Occupancy aluation. New York Van Nostrand Reinhold，c1988.

第三章 休憩广场之特征及调查

3.1 珠江三角洲地区休憩广场的特征

岭南建筑思潮一直以来都是非常活跃和极富创造力的。无论是城市规划、城市设计还是建筑设计、园林设计等，都深深地烙上岭南文化的烙印。休憩广场，作为一种有典型意义的城市公共空间，岭南文化的烙印显得尤为突出——表现为时代性和地域性。

自我国改革开放30多年以来，珠江三角洲地区一直走在改革开放的前沿。改革开放除了带来经济繁荣以外，更带来了思想的开放和社会的转型。转型社会下的政治、经济改革为当代中国社会阶层分化提供了历史契机，这种阶层分化正在造就一个成长中的“市民社会”和“市民文化”。作为公共空间之灵魂的广场空间，从现象学“还原”的理论角度来说，应该是并且也正是市民社会通过公共舆论、民主参与、文化的展示以及个人价值的体现等来进行个人与城市、个人与公共的对话的重要表达场所。当人们在广场上进行休闲、娱乐等社会公共活动时具有天然的安全感、文化释放感和空间的拥有感（主人公的感觉），而不是停留在口号上的主人公的感觉。正是市民社会的形成为珠江三角洲地区的城镇形成“广场热”打下了文化和政治基础，而经济的繁荣则是其经济基础。因而，在此条件下建设的休憩广场也深深地体现了该时代环境下的时代性。

一、时代性

(1) 以“人”为本的设计理念，注重对“人”的关怀。

包括珠江三角洲地区，以前我国城市建成的广场大多是市政广场、交通广场及纪念广场，成为权力的空间载体和交通管道。只有休憩广场的出现，才是真正体现了以“人”为本的设计理念。“休憩”本身就是对“人”的肯定，肯定“人”的个性自由和个性舒展，肯定市民才是城市的真正主人，而不是权势者。因而，城市空间就应充分考虑为市民提供人性化的公共空间，为市民提供空间上的关怀及文化上的关怀，成为市民展示其自身文化的城市舞台空间。

以“人”为本的设计理念体现在规划城市上，休憩广场呈多层次布置，多方位的为人的休憩提供便利，包括市区休憩广场、区级休憩广场以及社区休憩广场等层次，即为市民到达提供了便利，也利于市民开展各种层次的休憩活动和文化活动。在设计广场时，也充分考虑了交通设施和交通组织。考察每个广场都会发现，公共汽车和私家车都能非常方便地“到达”各个广场，这种“方便到达”性也是对人的尊重的一种表现。

珠江三角洲地区的休憩广场都注重把城市最美的景观和广场加以有机结合，如肇庆牌坊文化广场(图 3-1-1)、惠州滨江文化广场都把江景作为广场的主要视觉中心，使休憩的市民得到极大的空间关怀和景观关怀。

图 3-1-1　肇庆牌坊广场把鼎湖湖景作为广场主要视觉中心

强调群众的参与性。在广场的设计和营造中，不再把在广场中活动的市民仅仅看成是看客或游客，而是将他们当成演员，这种变被动休憩为主动休憩的观点，真正体现对“人”的深切的尊重。

在休憩广场的环境因素设置上，不再是以硬铺地为主，强调轴线对称和主题雕塑等形式主义的东西，而是充分考虑人的行为需要和心理需求，大量设置草地、树木、流水、喷泉、座位、散步小径、表演舞台等。有些广场甚至设置了饮水机，老人放风筝区域、青年恋人区域、儿童乐园等，并充分考虑了各种年龄、各种层次、各种文化背景的市民不同的休憩需要(图 3-1-2)。

图 3-1-2　绿地与小径的完美结合体现了对人的关怀

这种以“人”为本的设计理念，充分体现了对“人”的关怀。

(2) 广场功能的综合性和交叉性。

在我们对广场进行分类时，常根据广场的功能来作为对其分类的主要依据。比如广州火车站前广场，就被定义为交通广场；政府行政办公楼前的广场则归为市政广场。然而，在珠江三角洲地区已经很少按此来分类广场，而是赋予广场更多的新的内涵——即广场功能的综合化和交叉性，表现为广场功能的多元性、广场性质的综合性，广场的主题、性质、功能均可交叉重叠。在中、小城市这种综合性与交叉性尤其普遍，因为大多数中、小城市在现有的财力和规划条件下，要把市政、纪念、休憩、商业、交通等广场分门别类并且门类俱全地加以建设是不现实的。因而在建设市政广场、商业广场、纪念广场等主题广场时，均贯彻以“人”为本的理念，充分考虑“人”的休憩主题和休憩元素，使广场均成为综合性的广场。

花都市政广场（图 3-1-3，图 3-1-4）位于花都市政府办公楼（现花都划归广州市、为花都区）前，它的定位首先是市政广场，然而，该广场打破了传统市政广场的条条框框，比较充分地考虑市民的休憩与文化娱乐活动的需要，在广场内布置了大量的草皮、乔木、喷泉、舞台与座位，并且在其周边一条小溪畔，设置了便于人群坐憩观景的台阶，使广场具有市政广场和休憩广场的双重特性。广州火车东站的站前广场也打破传统交通广场的布局，利用室外大片空地和室内外高差组织绿化，布置座位、喷泉、飞瀑、游憩小径、观景平台等建筑小品，从而构成一个闹中取静的站前休憩广场，给市民和旅客提供一个舒适动人的公共空间。

图 3-1-3　花都市政广场利用小溪组织游憩景观

图 3-1-4　花都市政广场具有文化广场折主要属性

(3) 广场空间丰富、形式多变、色彩明亮。

珠江三角洲地区的休憩广场，普遍强调对城市空间、周围地形、环境的综合利用，从而形成丰富的广场空间。空间形式也从单调的平面围合方式逐步发展成下沉式、上升式及空中平台等复合的、立体的空间形态。如东莞西城区文化广场（如图 3-1-5，图 3-1-6）充分利用半地下层的高差、组织了许多高差错落的空间形式，并赋予其不同的休憩功能和文化意义，使整个广场的休憩、表演、娱乐、散步等活动既可在不同的空间实现，又可穿插进行。

打破传统的中轴线对称等构图原则，充分利用固有的城市空间，地形地貌，因势利导，根据“人”的休憩行为和休憩心理来组织广场空间，使广场空间形式非常丰富，而不再是传统的矩形、圆形等。东莞西城区文化广场总平面犹如一只翱翔九天的凤凰，既与凤凰台及古城门相呼应，又寓意改革开放以来东莞市经济的腾飞。肇庆市七星岩牌坊广场总平面呈带形，沿江布置，犹如一条蛟龙欲从鼎湖腾空而起。

广场的色彩更加艳丽多彩、丰富迷人。广场的硬铺地已不再是一片灰色，而是以彩色广场砖、花岗石等材料并结合空间性质铺成色彩夺目的各种图案；草坪的绿色上精心地配置了各种色彩的花卉、植物；座位也人性化地采用各种色彩和质地的材料作为装饰；广场内的大型乔木一年四季随季节变化而呈现不同的色彩和姿态……坐落在亚热带的珠江三角洲地区的广场在色彩的处理上有着其得天独厚的优势。

图 3-1-5　东莞西城区文化广场充分利用高差塑造错落的空间

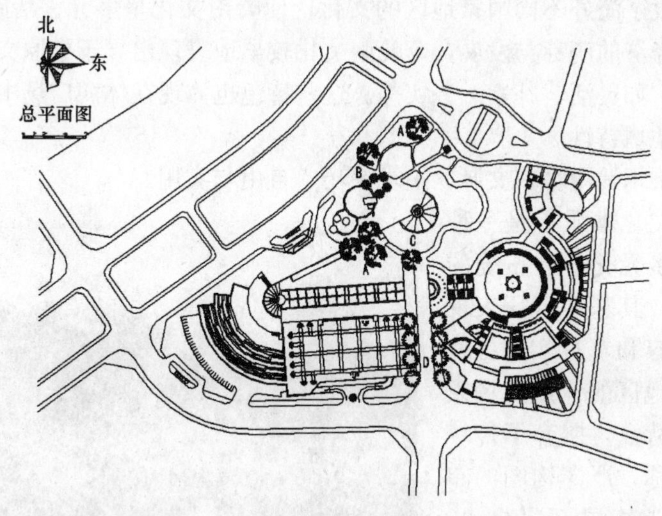

图 3-1-6　东莞西城区文化广场总平面图

(4) 把高技术的电、光、声作为广场的构成元素，使广场的构成因素更加多元、丰富。

广场内不仅为人群设置被动式休憩行为的基本设施，如座憩、步行、交流等所需要的座位、草坪、步行小径等，还借助高科技手段，并结合空间地形地貌人为地制造音乐喷泉、旱喷、流水、瀑布等设施供来满足人群主动式休憩活动的需要。广场的设计不仅考虑人群在白天的文化休憩活动需要，也注重夜晚的文化休憩活动的需求，并结合雕塑、喷泉、瀑布产生极具动感的灯光效果，极富时代感。广州东站广场的流水瀑布，充分利用屋面高差形成

图 3-1-7　广州东站站前广场瀑布

一个规模宏大的瀑布，配上灯光、音乐，使之成为广场的一个中心，也是人群聚集度最高的地方（图 3-1-7）。

二、地域性

地处岭南的珠江三角洲，浓厚的“岭南文化”决定了其鲜明地域特色。岭南地区地理环境呈封闭势态，随着秦始皇统一中国，汉文化融入岭南地区，带来了占统治地位的文化模式。而相对开放的沿海地区，又使岭南文化吸收了海外不同国家地区的文化，使岭南文化呈多元、活跃的特点，加上商业经济的萌芽与发展，令岭南文化较早地表现出异于中原文化的某些风格特点，如灵活、朴素、务实等。这些特色也体现在休憩广场中，使之呈现浓厚的地域特性。

（1）秉承岭南城市文脉，追求灵巧、自由与实用。

图 3-1-8　广场中的园林手法

岭南文化本质上是一种原生型、多元化、非正统的世俗文化，其基本特征表现为开放兼容和直观实用。珠江三角洲地区的休憩广场秉承了这一特点，摒弃了传统的中轴对称，严谨构图的布局，更加追求灵巧、自由、实用的布局来满足人群在广场中的行为需求和心理需求。有些广场甚至把岭南园林和岭南庭院的某些营造元素和手法也搬用到广场中，来营造富有岭南特色的广场环境（图 3-1-8）。

（2）适应气候条件，创造“岭南亚热带特色”。

珠江三角洲地处于亚热带，气温高、湿度大、雨量充沛、作物生长茂盛。这一独特的岭南气候特点，使广场的空间营造必须更强调广场内的通风、隔热、遮阴、降温等，这就要求在广场内合理配置硬铺地、草坪与水面。广场配置乔木时尽可能选择常绿树种（图 3-1-9），而且还要以合适的围合方式来营造宜人的环境。在广场选址时也注意尽可能利用湖泊河川，以利于调节气温和通风。广场的色彩也应以浅色为主色调，来减少太阳辐射。这一地区大多数的广场都能结合水面营造喷泉或旱喷，以便构成一个动人的视觉中心，又便于调节广场的微气候。

图 3-1-9　广场中特色鲜明的亚热带植物

充分考虑气候特点，扬长避短，营造富于亚热带特色的广场环境，是其又一地域性的表现。

（3）大胆创新，博采众长，因地制宜，充分利用珠江三角洲地理特色，创造富于“水乡特色”的广场体系。

岭南地区多元、开放、灵活、务实的文化精神使得岭南建筑以大胆创新、博采众长著称，以南越王墓博物馆、岭南画派纪念馆、白天鹅宾馆等为代表的岭南建筑就是创新、多变的典型代表。广场建筑也秉承这一传统。休憩广场的出现在我国大都是近 10 年来的产物，在没有固定参照模式的前提下，大胆地结合当地的地形地貌，利用三角洲地区水系交错的特点，充分结合江河水泊，利用多种理水手法形成独特的、具有“水乡特色”的岭南亚热带广场体系。

三、狭隘性

珠江三角洲地区休憩广场的建设是改革开放后近 20 年才开始和盛行的，由于我国传统的城市空间是街道空间，而不是广场空间，市民文化的觉醒也才刚刚开始且不成熟，使得城市广场的建设天然地缺少技术指引和文化底蕴。同时，由于岭南文化自身的局限性，外加在城市建设中如长官意志的一些人为因素干扰，使得珠江三角洲地区的休憩广场表现出相当大的狭隘性，我们在下一章对广场的环境使用后评价的结论也揭示出这种问题所在，我们选择研究的样本都是在众多休憩广场被市民和专业人士认为相对较好或被评为“十佳优秀文化广场”，但是其评价等级都是一般，而没有一个评价等级是优秀的，使用者（包括普通市民和专业人士）对广场的满意度并不是很高。因而，从某种程度上可以推断，其他的休憩广场的评价等级肯定更差，有待于改进的方面就更多。这些狭隘性表现为：

（1）不切实际，片面追求大而全的广场形式。

不管城市空间的实际尺度、不考虑市民使用的行为要求、不顾城市经济的承受能力、不切实际地一味追求大而全的广场形式，是领导意志在城市建设的具体的体现之一，也是珠江三角洲地区休憩广场狭隘性的最典型表现。比如，深圳龙城广场的面积就达5万多平方米，惠阳绿化广场的面积也达到5.5万m^2，这两个广场都是超大型的非人性尺度的广场。尽管广场内的休憩设施一应俱全，但是，真正在里面休憩的人群却很稀疏，人群滞留的时间也很短，使用率非常低。这种超大尺度的休憩广场在城市空间里，由于非人性的尺度和非理性的空间关系，致使休憩广场非但没有满足市民的休憩需要，相反，还给人群进入广场产生一种压迫感和无从适应的感觉，不但浪费了宝贵的城市土地资源，更破坏了城市的空间品质。

(2) 忽视人的休憩行为需求，过多地追求形式主义。

毋庸置疑，休憩广场最终的也是最根本的目的就是为市民提供一个方便、舒适的休憩环境，所以，必须把人的休憩行为需要放在第一位。然而，珠江三角洲地区现有的休憩广场对此并没有加以高度的重视。无论是从广场的规划选址，还是广场的交通组织，大都不是从人群的休憩需要出发来加以考虑；同样地，对广场内的休憩配套设施，如广场的出入口、人流步行路线组织、座位的数量和摆放位置、广场的铺地、绿化以及广场内的树木栽植等等也都没有从人群的休憩需要出发加以考虑，而是违背了休憩广场的最终目的，致使人群在广场内休憩时感到不方便和不舒服。

(3) 不重视广场的生态环境和可持续发展。

珠江三角洲地区的休憩广场对生态环境和可持续发展大都没有加以足够重视，甚至进入一个误区。比如，过多地种植草坪来达到视觉和美观的效果，然而，为维护草坪所耗费大量宝贵的水资源以及喷洒的有机农药对城市环境所产生的破坏都是巨大的。过多的草坪以及过少的大型乔木，表面看起来绿化率似乎很高，然而城市的绿量却很少，这种广场环境并不是一个宜人的生态环境。同时，广场的空间营造大多没有很好地结合当地的文化和传统，对环境的理解过于片面，只追求物质环境的营造，而忽视了社会环境和概念环境的营造，造成了持续发展的局限性。

3.2 休憩广场的分级

都市中的人群（包括市民和外来人群）由于年龄、文化背景、工作环境、生活环境等的不同，以及时间分配、心理、体力状况的差异，都会产生不同的休憩方式和休憩需求，这就要求为人群设计休憩场所时，要照顾到各种社会层次的需求，提供各种不同的广场休憩环境。比如，部分人群在晚饭后需作短暂的散步和观赏休憩活动，这时，如果城市只在中心区设置一个中心休憩广场，许多市民就需要坐车或步行很长一段路，花较长时间在来回的路上，人们也许就会因此而取消这类休憩活动，而如果在每个社区内都有一个小型的社区级休憩广场，使人们可信步到达，则这类休憩活动自然就很容易发生。相反，一些人群要求休憩活动内容更加丰富，休憩时间更长，渴望更大的刺激度和信息量，社区级的休憩广场就难以满足这种要求，为这些市民提供市级或区级休憩广场就显得非常必要。

都市空间的构成要素，按凯文·林奇的观点有五个，即道路、边界、区域、节点、标志物。广场作为城市的节点，是丰富都市空间的要素之一，多层次、多分级的广场也能产生层次更加丰富的都市空间，从而为市民提供多层次的休憩方式，因而对休憩广场进行分级显得尤为必要。珠江三角洲地区的休憩广场，一般可分为三级[1]：

（1）城市中心级休憩广场。

它是城市中心的重要组成部分，起到突显城市形象和性格以及城市文化特性的作用。这类广场常和市政广场、商业广场结合起来形成综合性的多功能广场，为人群提供多功能、全方位的休憩方式。通常这类广场的选址需注重结合当地城市的地理和文脉，强调交通的便利性和易达性，如惠州滨江文化广场（图 3-2-1）临东江而设、肇庆牌坊文化广场依鼎湖而建，无不体现广场选址密切结合地形和文脉的特色

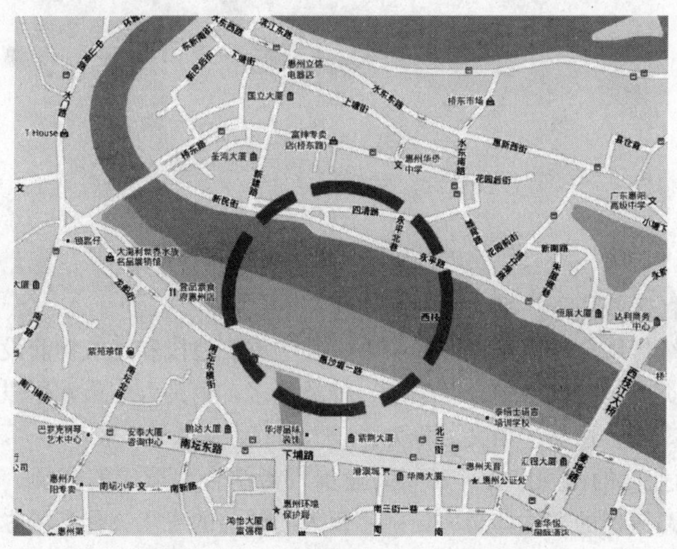

图 3-2-1　惠州市滨江文化广场地图

珠江三角洲地区的中小城市通常都比较重视这类广场的建设。这类广场也往往容易成为城市的标志和人群的休憩中心，相反该地区大中城市如广州、深圳等目前反而缺少这类广场，这一方面是由于城市规划上的天生缺陷，很难找出合适的地方来营造这类广场；另一方面，在大城市刻意营造这类大规模的休憩广场，由于交通组织困难、服务半径太大，是否能达到预期的目的很值得商榷。相对而言，在大城市中多设置区级休憩广场却显得更为实用。

(2) 区级文化性休憩广场

区级休憩广场位于城市分区中心，是体现局部城市休憩特点和文化特色的广场，在珠江三角洲地区，区级休憩广场通常最完善也最吸引人，常常成为区级休憩的中心。这类广场常与商业广场结合起来，如东莞市西城区文化广场（图 3-2-2）就成为西城区的商业与休憩中心，常年吸引了大量的人流。

区级文化性休憩广场的突出特点是服务半径适宜、交通方便、利于各种人群的到达，而且个性鲜明，使人群的休憩活动显得丰富多彩，又使城市空间富于变化。其规模不应太大，但尺度应宜人。

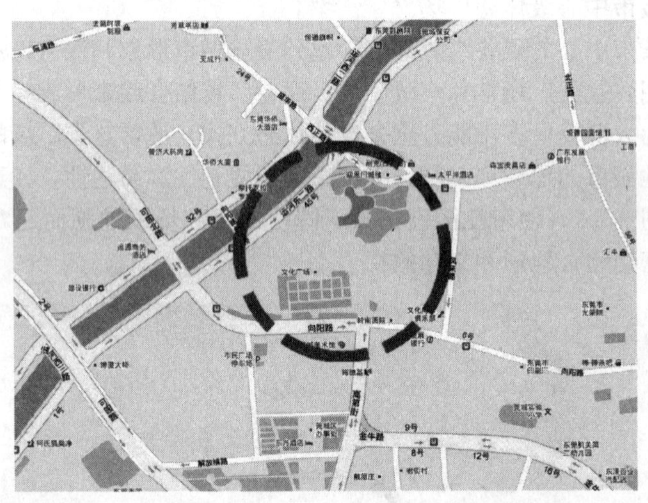

图 3-2-2　东莞市西城文化广场地图

(3) 社区级休憩广场

社区级休憩广场就是在社区中心、某些重要地段和建筑物前设置的休憩广场，此类广场在城市中分布最广、种类最多，也是人们最常用以做户外休憩活动的广场。这类广场又可分为：

① 商业区的休憩广场，如与商业步行街结合而形成的广场。例如广州市上下九路待建的文化休憩广场；广州天河城前的青年文化广场也属于该类广场。

② 居住区内的休憩广场。珠江三角洲内的大型楼盘都非常重视该类广场的营造。它为住区的居民所提供的休憩环境常常被视为居住区的环境评价最重要的指标之一，也最受住区居民的欢迎。

③ 校区内文化休憩广场。寓教于乐，本身就是重要的教学方法。学生在校内渴望交流、娱乐、休憩的愿望越来越被重视、为他们提供实现这种愿望的场所也成为校园规划的一个重要内容。这类广场的营建大大地活跃了校园文化，如华南师范大学的校区文化广场、华南理工大学工商管理学院前的

文化广场都属于这类广场。

④ 其他类型休憩广场，就是利用各种城市空地营建各种类型的社区文化性休憩广场，来活跃社区文化和提供休憩场所。

社区级休憩广场通常规模较小，构成元素也较少，但由于方便到达，使用人群较固定，并且他们对环境较熟悉，因而安全性较好，外加管理好，又与社区居民的生活息息相关，所以，这类广场使用率最高，也最受社区内居民的欢迎。

3.3 珠江三角洲地区休憩广场的分布特点

自然地理概念上的珠江三角洲一般是指珠江三角洲冲积平原带。该地区地处南亚热带，属海洋性季风气候，夏无酷暑，冬无严寒，四季气候温和，雨量充沛。珠江三角洲地区内河网密集，珠江流域三大支流西江、北江、东江在珠江三角洲中部汇流、交叉后分八大口门注入南海。珠三角三大支流和经过珠江冲积形成的平原河网区是珠三角的核心部分，海、陆、河、港资源都极为优越。

目前一般提及的珠江三角洲，实际是以行政区划分为依据的珠江三角洲经济区（The Pearl River Delta Economic Zone，英文缩写 PRD）（图 3-3-1）。该经济区是广东省人民政府于 1994 年为编制经济区规划而划定的，由广州、番禺、花都、从化、增城、深圳、东莞、中山、珠海、斗门、佛山、南海、顺德、高明、三水、江门、新会、台山、开平、恩平、鹤山、惠州、惠阳、惠东、博罗、肇庆、高要、四会等 28 个市县组成（番禺、花都已于 2000 年撤市改区，划入广州市市区），土地面积约 4.16 万 km^2，占全省的 23.4%，比我国台湾省陆地面积（3.6 万 km^2）多 5000 多平方公里；1993 年末总人口为 2056 万，1994 年底户籍人口 2095 万人，占全省人口的 31.3%；1996 年底为 2170.4 万，占全省 31.47%，大致相当于台湾省人口规模。香港、澳门尽管属于自然地理意义上的珠江三角洲地区，但由于采取“一国两制”的政策，不属于一般概念中的珠江三角洲经济区。由于经济发展程度不同，社会体制不同以及受殖民文化的影响而产生的市民文化的差异，所以，本书探讨的文化性休憩广场的环境研究和人的行为模式研究就不包含香港和澳门两个地区，而是特指一般概念中的珠江三角洲经济区。

由于紧临香港、澳门，自改革开放以来，珠江三角洲地区就一直是我国对外开放的一个重要窗口，改革开放 30 多年也是珠三角地区经济发展最快的 30 多年，人均 GPD 在全国仅次于北京，列第二位。由于经济高速、稳定、持续的增长，成为本地区城市发展的巨大动力。城市化有了快速的发展，表现为：①城市数量迅速增加。1978 年，该区仅 5 个城市，32 个建制镇，到 1993 年已有了 25 个城市，392 个建制镇，而到 1996 年全区小城镇数量达445个，有些城镇的建成区已联成片。②城镇规模普遍扩大。改革开放初的县几乎都升格为市。原有的城市除广州市规模大大扩大外，其余四个市（佛山、江门、肇庆、惠州）都成为中型城市，并涌现出深圳、珠海等一批大中城市。③城市化整体水平提高。表现在城镇非农业人口大量增加，建设用地规模扩大，也反映在地域产业结构的转变。

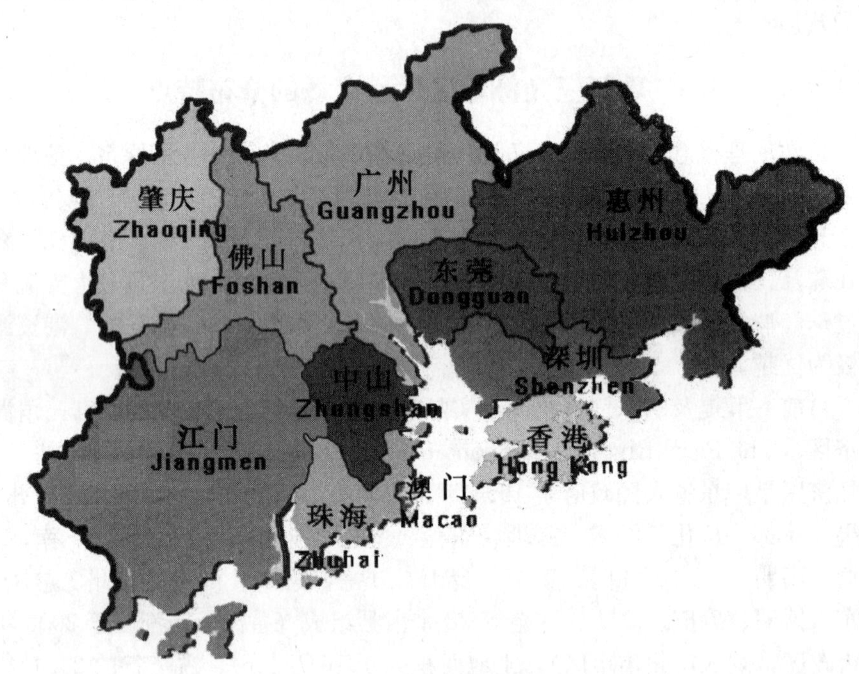

图3-3-1　珠江三角洲经济区划图

随着经济的快速发展，吸引了大量的外来人口，1986年已吸纳185万人，1988年增加到320万，2000年统计均为1000万。这还仅仅是官方统计，有学者认为外来人口在1200～1500万之间，有的甚至认为已超过1500万。珠三角地区已成为国内吸纳外来工最多的经济区。

由于五岭相隔，面向南海，历史上以珠三角为主体的岭南地区在整个封建社会受中央集权的影响较少，与中原地区的农耕文明有着显著的不同，而较多地受海洋文明的影响，形成独具特色的岭南文化。这种岭南文化表现为更包容、开放，善于兼容并蓄，吸收外来文明。

正是由于珠江三角洲地区特殊的地理位置和气候环境，有利于户外活动和户外休憩；经济的发展促进城市化和外来人口的激增；岭南文化的开放性、包容性和通俗性形成特色鲜明的市民文化和相对民主和宽松的民主气氛。这些因素促使休憩广场在珠江三角洲地区的遍及、推广和盛兴。总结珠三角地区的休憩广场的产生和发展，发现有如下规律；

（1）分布广泛、数量多。

从1999年以前已建成使用的和1999年建成的文化性休憩广场的部分统计（表3-3-1）中可以看出，每个城市的广场数都很多，最多的是深圳，其次是广州和佛山，而且分布广，除市区以外，很多镇都有自己的文化性休憩广场。笔者论文自1999年开题以来，在近3年的收集资料、调研和写作过程中，先后调研了几乎所有的珠三角市区的广场和将近10多个镇级广场，发现陆续地每一个镇都在或即将建设自己的“文化广场”，可谓真正地兴起了“广场热”。

珠江三角洲地区部分城市文化广场统计表[2] **表3-3-1**

市别	广场数量(1999年以前)	广场数量(1999年建成)
广州市	17	8
深圳市	34	15
惠州市	4	
东莞市	7	1
中山市	12	
江门市	6	
佛山市	17	5
肇庆市	16	
珠海市	4	
合计	117	32

（2）经济越发达的城市，广场建设相对普及、数量多。

从表3-3-1中可以看出，经济实力较雄厚的深圳市和广州市建设的广场最多，其次为经济较雄厚的东莞市在1999年以前广场建设也是较多的，尤其是在1999年以后更是建设了以东莞市西城文化广场为代表的高质量的休憩广场。

（3）外来人口越多的地区，休憩广场建设需求越大，也越普及。

以深圳市为代表，深圳市95%以上都是外来人口。由于外来人口对城市公共空间的更迫切的渴望和需要，所以，深圳的休憩广场的建设也就最普及和发达。东莞的长安镇、虎门镇等城镇的“三来一补”企业非常发达，外来人口也比较集中，所以镇级的休憩广场建设得更早，反映也更积极。

（4）广场的功能向多元化发展。

许多不具备条件建设专门休憩广场的市镇，在其市政广场或商业广场等建设中充分考虑了人群的文化休憩需要，增加了休憩广场的元素，使这些广场也兼备了休憩广场的功能。

当然，调研中我们也发现一些问题，如有的广场选址不当，不便人群到达；有的广场一味追求“大”，造成尺度失控，违背人的休憩行为规律；有的设计者强调广场的构图和形式而忽视人的休憩空间需要和行为心理需要……

3.4 调查样本的确定

从表3-3-1可知，上述珠江三角洲9个城市1999年以前已建成的文化性休憩广场达117个，1999年又建成32个，外加2000年以后建成的广场，已形成了种类繁多，大小、风格各异的文化性休憩广场群体，要对如此众多的广场进行全面的调研和分析，是不现实的。因而，选择具有典型代表意义的样本对本研究具有关键性的意义。

在选择样本时，主要遵循如下原则：

(1) 代表性：即样本要基本代表珠江三角洲地区休憩广场的特征，尽量避免以偏概全。

(2) 完备性：即样本要具备休憩广场的各种环境因素和空间构成因素，比如有些社区级的广场尽管空间很动人，但由于环境因素和空间构成因素都不完善，对其作出的调查难以有代表性。通常情况下，市级和区级休憩广场的环境因素和空间构成因素比较齐全，而社区级则有所欠缺，所以本研究的研究对象主要是市、区级休憩广场。

(3) 地域的多样性。尽管有些城市及其管辖的镇的广场很完善，也很具有代表性，但为了样本的涵盖面尽可能广，所以本研究的样本尽量避免在一个城市同时选两个以上的样本。

(4) 延续性。由于本研究自开题到调研、分析和写作，持续的时间大约3年，观察和收集数据的时间周期为2年，这就要求研究的样本是已建成的广场，对一些正建和待建的广场，尽管从各方面的反映来看不失为优秀之作，也是作为样本的理想选择，但由于是研究人的行为，故要求广场应该使用一段时间，为了保证样本的延续性，只能舍弃之。

(5) 注意各因素的独立性，保证调查的因素不出现冗条现象。

在具体选择调研广场样本时，参考了广东省文化厅1998年评选的“广东省十佳文化广场”和“广东省十大受表扬文化广场”[3]，以及最近在学术界和广大市民中备受称赞的文化广场，从中选取五个主要研究样本，再辅以其他一些样本加以充实。

“广东省十佳文化广场”是指深圳市大家乐界文化广场、汕头市文化广场、韶关文化广场、惠州市滨江公园文化广场、肇庆市牌坊文化广场、深圳市龙岗区龙城文化广场、顺德市区文化广场、罗定市文化广场、东莞市樟木头镇东城文化广场、中山市怡华文化广场。

"广东省十大受表扬文化广场"分别是广州市二宫文化广场、中山市中垦文化广场、台山市台城乐天广场、潮州市富丽文化广场、深圳大剧院艺术广场、东莞市虎门镇文化广场、深圳福田区莲花北村文化广场、广州市东山区新大新东山文化广场、云浮市文化广场、仁化县锦城文化广场。

由于深圳市龙岗区龙城文化广场占地面积太大，约5万多平方米，规模远远超过其他广场，笔者认为它的代表性不强，所以没有把它列为五个主要研究样本，而只是作为辅助样本。在"十佳文化广场里"惠州市滨江公园文化广场、肇庆市牌坊文化广场、顺德市区文化广场都具备作为样本的五要素，故笔者把它们列为主要研究样本。东莞市西城文化广场是近几年才投入使用的，尽管没有参加"十佳"评比，但无论是设计还是使用后评估，都反响很大，故我们也把它选为样本。以上的4个样本都是市级休憩广场，为了兼顾镇级广场，笔者把东莞市樟木头镇东城文化广场也作为样本之一，这样使样本更趋完备性。广州市是珠三角地区的政治文化中心，但到笔者选择样本时还没有一个具备样本五要素的休憩广场投入使用，这是非常大的遗憾。所以，笔者只能选择广州东站站前广场作为辅助样本，该样本基本具备上述样本五要素，但由于一直处于一边使用一边扩建的维修状态，笔者认为它不具备作为调研人群行为模式的主样本来加以研究，作为辅助样本比较适宜。另外，花都市广场兼有休憩广场和市政广场的特性，这种功能多元化的广场对调研人群的休憩方式有相当的代表意义，因此笔者也把它作为辅助样本。同时，笔者还对惠阳市绿化广场、顺德市新城市文化广场等其他广场作了一定的调研，也将之作为辅助样本（表3-4-1）。

主样本和辅样本列表 表3-4-1

主样本序号	名　称	地点	地域	性　质
1	肇庆市牌坊文化广场	肇庆市	中等城市	市级文化性休憩广场
2	惠州市滨江公园文化广场	惠州市	中等城市	市级文化性休憩广场
3	顺德市区文化广场	顺德市	中等城市	市级文化性休憩广场
4	东莞市西城区文化广场	东莞市	中等城市	区级文化性休憩广场
5	东莞市樟木头镇东城文化广场	樟木头镇	小城镇	镇级文化性休憩广场
辅助样本序号	名称	地点	地域	性质
1	深圳市龙岗区龙城文化广场	深圳市	大中城市	区级文化性休憩广场
2	广州市火车东站文化广场	广州市	大城市	复合型文化性休憩广场
3	广州市花都区广场	花都市	小城镇	复合型文化性休憩广场

3.5 调查方法

本研究主要采用以下调查方法，以收集原始数据和资料。

一、问卷法：

这是较传统的调查方法，主要是收集样本的基本资料，例如人群对广场的满意度，对各因素的满意等级和使用意愿等。

二、访问法

由访问人员直接访问使用广场的活动人群，主要收集问卷法较难反映的资料，以及不愿（或不方便）填表的残疾人士，并鼓励被访人群提供改进广场的意见和见解。同时，请少部分热心者画出他们对广场的认知地图。

三、观察法：

由调查人员直接记录。主要记录和搜集人群在广场的聚集情况；在各项环境下的行为模式和行为意愿；人群对环境要素的使用频率等。

四、图形记录法：

由调查人员交叉进行观察、访问，并作出建筑图形记录，主要收集人群对广场各环境要素的最直接表象反应和行为特征；人群穿越广场的步行路径；广场人群的分类分布情况以及各环境条件下人群的聚集情况。

3.6 本章小结

本章首先对珠江三角洲地区休憩广场的特征进行系统的分析和归纳——即时代性和地域。时代性强调以人为本的设计理念，注重对“人”的关怀，广场功能具备综合性和交叉性，同时广场空间丰富多变，而且把高科技的电、光、声作为广场的构成因素等等。地域性则是指休憩广场秉承了岭南城市文脉，追求灵巧、自由与实用的风格，同时适应气候特色，创造“岭南亚热带特色”的广场体系，大胆创新，博采众长，因地制宜，充分利用珠江三角洲地区的地理特色，创造富于“水乡特色”的广场体系。

时代性和地域性是珠江三角洲地区休憩广场的共性，但就具体的广场而言，又有着各自的个性和特点，故对其进行分级是必要的。一般可分为三级，即城市中心级休憩广场、区级休憩广场和社区级休憩广场。

休憩广场在珠江三角洲地区的分布也有其自身的规律，表现为分布广、数量多，而且经济越发达的地区外来人口也越多，休憩广场数量也越多、越普及，广场的功能也朝多元化方向发展。

要对休憩广场进行深入的研究，一个关键的问题就是在众多的广场中选取合适的研究样本。选取样本必须遵循以下原则：即样本具备代表性、完备性、地域的多样性、延续性以及注意各因素的独立性等。在此基础上选定肇庆市牌坊文化广场、惠州市滨江公园文化广场、顺德市区文化广场、东莞市西城区文化广场以及东莞市樟木头镇东城文化广场等五个广场作为研究的样本，再应用问卷法、访问法、观察法以及图形记录法等方法来对样本作进一步的调查，并收集相关的数据和资料，以备下一步的研究之用。

参考文献

[1] 广东省建设委员会．城市规划设计指引，1998．8．

[2]［3］ 中共广东省委宣传部、广东省文化厅文件．关于表彰广东省首届“十佳文化广场”的决定．粤宣发［1998］18号．

第四章　珠江三角洲地区休憩广场的环境构成及其评价

"人类既是他的环境的创造物，又是他的环境的创造者，环境给予人类以维持生存的东西，并给他提供了在智力、道德、社会和精神方面获得发展的机会"，这是1972年在斯德哥尔摩召开的联合国人类环境会议宣言的开篇序言。这段话概括说明了人类和环境的关系。

环境原是生物学范畴用语，现已广泛用于包括建筑学范畴在内的其他领域，用以解释包含从外部给予生物体作用的物理、化学、生物学以及社会性的现象等。德国博物学家海格尔（E. Haeckel）认为，环境是指一系列环境生物有机体的无机因素和部分社会因素之总和。可以说，环境系统是由生物、生理、心理、行为、社会、自然、空间和时间等诸多因素构成的综合性统一体。

总体来说环境可以分为以下三类：①物理环境；②社会环境；③概念环境。物理环境包括自然环境、人工环境和建筑环境；社会环境包括社会制度、政治、经济、法律、道德及人事关系等等；概念环境又称心理环境，包括审美情绪、心理感受、行为动机以及文化心理、社会心理和民族心态等。

4.1　珠江三角洲地区休憩广场的社会环境

除以儒家思想文化为正统代表的中原文化以外，在中国文化中，还有颇具地域特质的地域文化，如吴越文化、荆楚文化、巴蜀文化、岭南文化等等。由于这些地域文化所处的地理位置、历史沿革、哲学思辨、经济发展等诸多的差异，导致产生各具自身特色的文化特质。

岭南文化是构成岭南地区社会环境的基础和根基。岭南文化又分为广府、客家、潮汕三大块。珠江三角洲是广府文化的代表。

岭南地处五岭以南的南疆，北枕五岭、南临大海，是一个相对独立的地理区域。其北面为山地丘陵，五岭山地形成了一道巨大的屏障，在古代极大地延缓和削弱了以儒家思想为正统的中原文化对岭南地区的渗入和冲击。因此，儒家思想和儒家文化从来没有，也不可能像在中原地区那样在岭南地区占据绝对的主导地位。由于岭南地处南疆边陲，远离以儒家文化为核心的中原地区，加上开化较晚，又因不断受外来文化的渗透，使得岭南文化具有更大的自由度和容纳力，对儒家文化具有较大的游离性和独立性。尤其是大多数下层民众较少受到儒家经典的束缚，对传统礼节淡薄，喜欢洒脱自由的生活，不拘繁文缛礼，无视旧习常规。禅宗作为中国特有的宗教派别，自慧能创南宗（顿悟法门）教后，岭南就成为禅宗南宗传播的基地[1]。因此，相对儒学而言，禅学，尤其是南宗禅学，无疑更加适合岭南人的情趣，更加符合岭南人的文化精神。

禅宗文化不断地渗透和影响到岭南社会文化的各个领域，特别是思想文化领域，如岭南的唐宗道学、陈湛理学、近代改良主义哲学等，都或多或少地受到禅宗文化的影响。

岭南地理复杂多样，既有崇岭叠嶂的丘陵，又有河网密布的平原和三角洲，还有濒临大海的海滨，所以古代的岭南不仅有先进的农耕经济，而且有发达的渔猎经济和航海交通。复杂的地理环境、多元的经济生活、加上多民族杂居，使得岭南出现了多种民族、多种类型、多种地域、多种层次的文化形态。岭南文化因而最终发展成为一种多元性的带有浓郁海洋文化特质的世俗文化。

兼容性和开放性是岭南文化——这种多元文化最根本的特质，也是其社会环境的基础。

兼容性是开放性最突出的表现，岭南文化从一开始便具有鲜明的兼容性，其原发期便兼容了农业文化和海洋文化，而不像中原文化那样以农业文化为单一的源头，到近现代又在不断兼容中原文化和西方文化，形成自己的特点和优势。这种兼容性和开放性，既是岭南文化的最优特质，也是岭南文化发展的内在机制，并给岭南文化带来一次次的大发展，使其经历了古代、近代和当代三次大的兼容，出现三次发展高潮[2]。

在古代，明代的岭南大儒陈献章融儒、道、释于一炉，创立岭南学新派——江门学派，使明代学术“始入精微”，历史上称其为“非儒为禅”。禅宗学说也因此得以光大，岭南文化也第一次有了自己的思想流派，并跨越五岭而汇入中华民族的主流文化，这也是岭南文化作为地域文化的第一次升格。

在近代，兼容性给岭南文化带来了新的辉煌。与古代的情况不同，岭南文化在近代的兼容，有着更丰富的内涵，更广阔的地域，因而也就出现更富有深远影响的思想体系。康有为融古今中外为一体，创立近代中国第一个以变革为主旋律的维新思想体系；孙中山则在承传中国传统文化的同时，大量地“汲取”西方文化，从而创立最具时代精神的“三民主义”学说。康、孙二人由兼容而创立的思想学说，不仅是近代岭南文化的丰碑，而且是近代中华文化最高成就的体现，这种思想已经超越了岭南，而成为近代中国人最高思想成就的代表之一，成为中华文化的主流，正是这种兼容和开放，促使岭南文化的第二次发展高潮。

改革开放30多年来是岭南文化发展的第三次高峰。由于近百年来的闭关锁国，面对突如而来的开放春风，以中原文化为代表的大陆文化表现出一种顽固的惰性。只有岭南文化以其特有的开放性、兼容性从容地面对这种变革，从己质文化与异质文化的碰撞与比较中进行了筛选，取他人之长而融于己，使自身的文化变得充满张力和活力。

20世纪80年代初，人们对岭南文化的关注是从责难开始的。20世纪70年代末80年代初，广东人务实、重商的特性使其经济得到极大的发展，于是人们开始责难其为“经济动物”，而实为“文化沙漠”。其实，岭南文化的开放性、兼容性、平民性、重商性自有其合理性，并非不良的文化品质。在当代，它更代表某种进步，具有矫枉的意义，是一种新的文化走势。

这阶段的岭南文化的兼容性和开放性主要表现在：

一、对北方中原文化的兼容和北人的融入

改革开放之初，广东的科技水平尚远低于中原和东南沿海地区。广东人积极敞开心扉，吸收大量内地人才和中原文化的深厚底蕴，尤其是大量人才的涌入，不仅推动了科技的进步，而且其影响深深地触及文化层面，改变着岭南文化的有机构成。

二、强化现代意识的迫切需求

现代化的中心是人的现代化，而人的现代化即表现为人的现代意识的提高。岭南文化虽因其处于边缘地带而具有较强的开放性，容易吸收外来的东西，亦因历史、地理的原因急需现代意识的提升。

这种现代意识的缺失，主要表现在对政治及文化的相对冷淡；关于可持续发展认识的偏差；享乐主义的盛行；封建迷信的再度滋生等等，这些都是岭南文化的一些负面的文化特质。要克制这些负面的特质，就必须强化现代意识，否则，势必在兼容和开放的过程中产生某种文化的失落。

这种文化的失落在建筑领域也得到具体的体现。

20世纪五六十年代，岭南建筑一开始给人以创新的印象，如北园酒家、白云山庄旅社、双溪别墅都已表现出“广派”的风格——较为自由、亲近自然和符合人们活动规律的平面；明朗、开敞、形式多变的立面和体形；与园林绿化和地域环境的有机结合。到70年代，广派建筑更是独树一帜，率先打破了全国建筑界万马齐喑的局面，从国外引进高层宾馆、玻璃幕墙、花园别墅、自选商场，种种举动一时间为全国所共瞩。然而，进入80年代后，岭南建筑反而在文化上失去其固有的开拓性、创新性和兼容性。

可以说，岭南文化固有的先进性，如兼容性、开放性、开拓性等，表现出一种多元文化的特质，但同时也表现出某种创新而不激荡，重利而轻视思想等等。这种种因素构成了岭南包括珠江三角洲地区所特有的社会环境。

4.2 珠江三角洲地区休憩广场的概念环境

具有象征意义的概念环境，其实就是心理环境，心理环境包括个体心理环境和群体心理环境。个体心理环境无疑对个体在环境中的行为起最实在的内化作用，群体心理环境才是影响群体成员心理行为，推动或阻碍群体发展的内在力量。

最早对心理环境作过描述的是格式塔心理学派的主要人物考夫卡（K·Kqffka，1886～1941年）和勒温（K·Lewin，1890～1947年）等人。作为格式塔的代表，考夫卡首先把“场”的概念引入心理学之中，论述了场、行为环境和心理环境的基本思想。考夫卡认定心理学其实就是科学，它的科学性就在于“把场的概念引入心理学之中”，认为心理现象、生理现象、物理现象都是同型的动力结构，由行为和环境演化出一系列诸如“心理场”、“行为场”、“物理场”、“环境场”等名词术语。

考夫卡在解释场、心理、行为的关系时，强调“我们的心理学是在行为与心理场的因果关系中研究行为的科学”[3]。他用“人格”这一概念来说明自我，从而把环境分为地理环境和行为环境。人的行为发生于行为环境之中，并受行为环境的调节，只有行为环境中的行为才称之为行为。

显然，考夫卡的行为环境，并不是指自然环境中的行为环境，而是指意识中的环境、心目中的环境。同样的地理环境（或自然环境）对应于不同的文化背景，不同心理需求和动机的人而言，在他心目中所形成的个体行为环境（心目中的环境）是完全不同的。比如，一个广场寂静幽暗的角落，对恋人来说是幽会、谈情说爱的好场所，而对罪犯而言就是一个抢劫的理想所在。由此而见，从心理的主观能动性上看考夫卡的行为环境，已具有心理环境的意义。

同样，勒温也把人的心理和行为视为一种“场”的现象，认为人的心理活动是在一种心理场或“生活空间”中发生的，人们的行为是由当前这个场决定的。著名的行为学公式 $B=f(P\cdot E)$ 就是由勒温在他的《人格的动力学说》中提出的。$B=f(P\cdot E)$ 用一句话概括就是行为是人与环境相互作用的函数，而心理动力场的动力，除了人的自我状态的动力外，还有环境的动力。当然，勒温说的环境，并不是指客观物理环境，而是指存在于人的头脑里，对心理事件“实在是有影响的”环境，即心理环境。勒温在《拓朴心理学原理》一书中，形象地表述了他所说的心理环境：“比如一个孩子知道他的母亲在家或不知道他的母亲在家，他在花园中的游戏的行为，便可随之而不同，我们可否能假定这个（母亲在家或否的）事实常存在于儿童的意识之内。”[4]在勒温看来，孩子在花园里游戏行为的变化，并不是（或说不完全是）由于花园自然环境的作用，而是受存在于孩子心目中母亲在家与否的事实，亦即心理环境的影响。

心理环境就是一种“对人的心理事件发生实际影响的环境”[5]，是一种以观念形式表现出来的环境。这是一种在客观环境的作用下，通过主体对客观环境的内化、整合，在一定心理时空表现出来的，对主体心理行为产生实际影响的观念环境，或叫概念环境。

环境对个体的行为产生影响并形成的心理环境，称之为个体心理环境。然而，一个整体环境下的行为模式往往是由群体心理环境所决定。群体心理环境是群体成员在实现共同目标的活动中，由群体内部成员之间和外部环境之间相互作用积淀下来的，具有共同心理反应的，使群体成员都能感受到的心理环境[6]。它渗透于群体成员之中，不仅使群体生活涂上一层独特的心理色彩，而且通过群体中的个体心理和群体行为模式，群体吸引力的作用，形成一种影响群体成员心理行为，推动或阻碍群体发展的内在力量。

本书所研究的休憩广场的环境行为，从表象上看来，是研究个体（人）的行为。这种个体行为是由物质环境和社会环境所决定的，而实际上是这些物质环境和社会环境在个体的头脑之中，形成了各自的独特的“环境图式”和“认知图式”——心理环境。对应于广场中的各种物质环境因子，比如说广场中的草坪，对具有不同的文化背景、年龄层次、社会阶层、性别差异的个体（人）来说会形成不同的个体心理环境。对老人来说，一块绿茵茵的草坪是他们锻炼的好场所，也是他们饭后散步的好地方，如果草坪内有大型乔木，他们更乐意在树下打麻将，打桥牌和聊天等；而在青年的心理环境认知图式中，则更倾向于把草坪看作是冬天躺下来和情人晒太阳、看书阅读或聊天的好场所；对外来打工仔而言，干净洁爽的草坪相对于他们平时工作的恶劣环境而言，实在是聚会、放松、尽情嬉戏的理想“起居室”，草坪给他们与老乡聚会，与旧时好友见面约会提供了天然的场地；而对于上学的儿童来说，草坪在他们的心理中，绝对是踢球和嬉戏打闹的理想场所。由此可见，同样的物理环境，在不同的个体（人）中会产生差别巨大的心理环境。

这是否意味着物质环境对机体的行为模式无规律性可言呢？

事实说明，在一定的社会环境条件下，广场内的环境因子对人群行为模式的影响都有着深刻的规律性，这其实就是社会环境的同化作用。

影响主体心理行为的心理环境，是一个由多种心理要素整合而成的极为复杂的心理构成物。有由心理活动的内容建构的认知环境、感情环境、意志环境、个性环境等；还有由主体的种种心态建构的个体心理环境、群体心理环境；最重要的是还有由社会不同心理层面建构的民族心理环境、区域心理环境等等。

但无论是哪一种心理环境及由这种环境所产生的心理活动，都是一种意识的观念的活动，而这种意识的观念的东西始终是由物质——即物质环境所决定的。“意识一开始就是社会的产物，而且只要人们还存在着，它就仍然是这种产物”——马克思。

然而，客观物质环境对心理环境的决定作用始终是在一定的社会环境（即社会的物质生产，社会的历史基础）之上的。由社会生活各方面组成的社会环境，则是主体心理，心理环境的变化基础。个体的心理环境，不纯粹受物质环境的影响，更有社会力量的约束，带有长期社会熏陶的文化模式烙印——这就是社会环境的同化作用。

正是由于社会环境的制约作用，社会环境对个体心理环境的同化作用，才使独具个性的个体心理环境集合成具有同一性的群体心理环境——每个民族形成了自己独具一格的民族心理，并由这种心理建构了这一民族特有的心理环境；不同地区的地域文化孕育出不同地域文化心理，建构了具有地域文化特色的心理环境，而反映一定社会、政治、文化、历史的社会心理，则建构了具有现实影响力的心理环境。

珠江三角洲地区以其独特的社会环境，展示出它的开放性和包容性，在休憩广场的群体心理环境中，同样也显示其独特的地域性。再以草坪的行为模式为例，比较珠江三角洲和内地一些休憩广场而言，同样的草坪，内地广场上的很多草坪通常并不对游人开放，禁止游人入内，原因是如果允许游人进入，草坪常常遭到践踏、破坏，甚至垃圾成堆等；而珠江三角洲地区的休憩广场的草坪则多大对外开放，却并不存在上述情况。珠江三角洲地区对公共设施的维护水准是要高些，但这并不是关键因素，通过观察我们发现其最根本的原因，还是社会因素对群体心理的同化。由于岭南文化的开放性和包容性，人与人之间的关系似乎更宽松，即使外来打工仔在草坪上的行为，其所受到的注视和冷漠绝对比内地民工在相同的草坪上所承受的少得多。同时，受社会因素的长期影响，在珠江三角洲地区人们的社会活动与内地有很大的不同——内地是以“家”为主的生活模式，而珠江三角洲地区则是以城市公共空间为主的生活模式。因而，来广场活动的人，更倾向于把广场——这一城市公共空间作为他自己的“起居室”。这几个因素致使即便是外来打工人员在草坪内活动时也体会到轻松、自尊和自爱，从而自觉地保护爱惜草坪内的一切物质环境，并自觉地将垃圾收拾整理归入垃圾筒。正是由于受岭南文化这种社会风气的长期熏陶，受这种开放性和包容性的社会环境因素的影响，使人们有着更强烈的自明性和自律性，产生其独有的群体心理环境和行为。

4.3　珠江三角洲地区休憩广场的物理环境

就物理环境、社会环境和概念环境而言，起决定作用的还是物理环境。正如马克思、恩格斯所说：“意识一开始就是社会的产物，而且只要人们还存在着，它就仍是这种产物。”[7]物理环境通过各种方式和各种形态，通过主体对客体的内化和整合，再以一定的社会形态和心理空间表现出来，从而对人的行为产生作用。所以，要分析珠江三角洲地区休憩广场中人的行为，对其物理环境做出系统、仔细的归纳、分析和总结是非常必要的。而且，社会环境和概念环境对人的行为影响表现出的也是非直接性的和隐性的，只有物理环境对人的行为影响才表现得最为直接。

一开始就对休憩广场的物理环境进行归类和分析是很艰难的，因为休憩文化广场内的物理环境因素实在是太多，各种环境因素又互相包容，相互影响。因此，我们只能先把我们所能找出的各种因素都罗列出来，再加以评析。

问题在于建成环境是多义的，同样的环境意义对于专业人士和普通使用者是有差别的。有时作为专业人士认为对行为影响可能很大的环境因素，在普通使用者看来并不是如此，反之亦然。在后一节里我们将会专门来讨论建成后环境的意义。鉴于此，笔者在对各环境因素进行归纳时，开始把它归纳为 9 大类 32 种类型，试图在此基础上进行进一步的分析。

但要对这九大类 32 项列出表格，对使用者作问卷分析并进行权重分析还是显得累赘的。因此，笔者把这九大类 32 项列了一个粗略的问卷表（表 4-3-1），对专业人士和普通使用者作了一次粗略的排除法问卷，即请专业人士和普通使用者排出他们认为对人在广场内的行为影响最小的 5～6 项因素，总共发出和收回 100 份样本（即专业人士和普通使用者各 50 份样本），最后得出表 4-3-2 的结论。

广东省文化广场环境质量调查表（1） **表 4-3-1**

文化广场名称：____________________ 地址：____________________

您的地址是：____________________ 性别：__________ 年龄：__________岁，职业：____________

您到该文化广场的频率是（请在选择后面打“√”）：经常________________一般不经常____________

就以下个项，你认为对广场环境好坏最不起作用的是那几项（选择 5-6 个，在小格中打“√”）

类别	项　目	评价内容				
整体环境	1. 空气、水及其周围环境清洁度	干净	较干净	一般	较不干净	不干净
	2. 配套设施的配置是否俱全	干净	较干净	一般	较脏	脏
	3. 广场整体色彩和气氛	好	较好	一般	较差	差

续表

类别	项目	评价内容				
物理环境	4. 噪声	安静	较安静	一般	较吵	很吵
	5. 空气流通(广场内通风)	好	较好	一般	较闷	很闷
	6. 日照(太阳直晒)	舒适	较舒适	一般	较强烈	太强烈
娱乐环境	7. 表演舞台(包括观众席座位)	很合适	较合适	一般	较大(或较小)	太大(或太小)
	8. 自娱自乐场地	很合适	较合适	一般	较大(或较小)	太大(或太小)
	9. 背景音乐	很舒适	较舒适	一般	较吵(或较小,听不清)	太吵(或太小,没有)
	10. 音乐喷泉	好	较好	一般	较差	差
	11. 其他配套娱乐设施(包括儿童、老人娱乐场所)	很合适	较合适	一般	较差	差
商业环境	12. 广场附近大型超级商场购物	很方便	较方便	一般	不方便	很不方便
	13. 广场内买小吃、饮料	很方便	较方便	一般	不方便	很不方便
	14. 广场内露天茶座、咖啡厅	很方便	较方便	一般	不方便	很不方便
	15. 广场附近的文化娱乐场所	很方便	较方便	一般	不方便	很不方便
	16. 周围商业灯箱及广告	满意	较满意	一般	不满意	很不满意
交通	17. 搭乘公共汽车或地铁	很方便	较方便	一般	不方便	很不方便
	18. 搭乘出租车	很方便	较方便	一般	不方便	很不方便
	19. 停车场停车	很方便	较方便	一般	不方便	很不方便
配套设施	20. 休憩座位	满意且合适	较满意且较合适	一般	较少,较不满意	太少,很不满意
	21. 配套公共厕所	满意	较满意	一般	较远或较少	太远或太少
	22. 配套卫生垃圾箱	满意	较满意	一般	较不满意(或较少)	很不满意(或太少)
	23. 铺地样式	舒适	较舒适	一般	不舒适	很不舒适
	24. 建筑小品(包括雕塑)	满意	较满意	一般	不满意	很不满意
	25. 广场内高差	满意	较满意	一般	较高(或较平)	太高(或太平)
	26. 高灯及标志	满意	较满意	一般	不满意	很不满意
	27. 草坪	满意	较满意	一般	较少(或较多)且较不满意	太少(或太多)且很不满意
	28. 大型乔木(遮阳树木)	满意	较满意	一般	较少(或较多)且较不满意	太少(或太多)且很不满意

续表

类别	项 目	评价内容				
景观	29. 对周围建筑环境	满意	较满意	一般	不满意	很不满意
安全	30. 广场内安全措施及设施	满意	较满意	一般	不满意	很不满意
其他	31. 对广场现在的大小范围	很合适	较合适	一般	较大(或较小)	太大(或太小)
	32. 对广场到自己家的距离	很合适	较合适	一般	较远	太远

把你认为不重要的几项，按你的理解，按顺序排列。

广东省文化广场环境质量调查表（2） **表 4-3-2**

文化广场名称：＿＿＿＿＿＿＿＿ 地址：＿＿＿＿＿＿＿＿

您的地址是：＿＿＿＿＿＿＿＿ 性别：＿＿＿＿ 年龄：＿＿＿＿岁，职业：＿＿＿＿

您到该文化广场的频率是（请在选择后面打“√”)：经常＿＿＿＿＿＿一般不经常＿＿＿＿

您对该文化广场环境总的感受是：（选择一个，在小格中打“√”)

很满意	满意	较满意	一般	较不满意	不满意	很不满意

请您对以下各项进行评价（选择一个，在小格中打“√”)

类别	项 目	评价内容				
整体环境	1. 空气、水及其周围环境清洁度	干净	较干净	一般	较不干净	不干净
	2. 配套设施的配置是否俱全	好	较好	一般	较差	差
物理环境	3. 噪声	安静	较安静	一般	较吵	很吵
	4. 空气流通（广场内通风)	好	较好	一般	较闷	很闷
	5. 日照(太阳直晒)	舒适	较舒适	一般	较强烈	太强烈
娱乐环境	6. 表演舞台（包括观众席座位)	很合适	较合适	一般	较大(或较小)	太大(或太小)
	7. 背景音乐	很舒适	较舒适	一般	较吵(或较小,听不清)	太吵(或太小,没有)
	8. 其他配套娱乐设施(包括儿童、老人娱乐场所)	很合适	较合适	一般	较差	差

续表

类别	项目	评价内容				
商业环境	9. 广场附近大型超级商场购物	很方便	较方便	一般	不方便	很不方便
	10. 广场内买小吃、饮料	很方便	较方便	一般	不方便	很不方便
	11. 广场附近的文化娱乐场所	很方便	较方便	一般	不方便	很不方便
	12. 周围商业灯箱及广告	满意	较满意	一般	不满意	很不满意
交通	13. 搭乘公共汽车或地铁	很方便	较方便	一般	不方便	很不方便
	14. 搭乘出租车	很方便	较方便	一般	不方便	很不方便
	15. 停车场停车	很方便	较方便	一般	不方便	很不方便
配套设施	16. 休憩座位	满意且合适	较满意且较合适	一般	较少，较不满意	太少，很不满意
	17. 配套公共厕所	满意	较满意	一般	较远或较少	太远或太少
	18. 配套卫生垃圾箱	满意	较满意	一般	较不满意（或较少）	很不满意（或太少）
	19. 建筑小品（包括雕塑）	满意	较满意	一般	不满意	很不满意
	20. 灯光及标志	满意	较满意	一般	不满意	很不满意
	21. 草坪	满意	较满意	一般	较少（或较多）且较不满意	太少（或太多）且很不满意
	22. 大型乔木（遮阳树木）	满意	较满意	一般	较少（或较多）且较不满意	太少（或太多）且很不满意
景观	23. 对周围建筑环境	满意	较满意	一般	不满意	很不满意
安全	24. 广场内安全措施及设施	满意	较满意	一般	不满意	很不满意
其他	25. 对广场现在的大小范围	很合适	较合适	一般	较大（或较小）	太大（或太小）
	26. 对广场到自己家的距离	很合适	较合适	一般	较远	太远

上述1～26项中，您觉得哪五项最重要，请把它们的序号写在下格中。

最重要的五项序号：

请根据自己的观点，对上述九大类按其重要性排序，最重要者为1，次重要者为2，如此类推，依次排列。

类别	整体环境	物理环境	娱乐环境	商业环境	交通	配套设施	景观	安全	其他
重要次序									

从表 4-3-1、表 4-3-2 可以看出，在珠江三角洲休憩广场中对人的行为影响较大的物理环境有 9 项，即：整体环境、物理性环境、娱乐环境、商业环境、交通环境、配套设施、景观环境、安全环境、其他环境因素等。

整体环境主要是指：①广场的空气、水及其周围环境的清洁度；②广场的配套设施是否俱全。物理性环境则包括：①广场的噪声大小；②空气流通状态如何，③日照情况。娱乐环境则是：①表演舞台及观众席座位；②背景音乐如何；③儿童及老人的娱乐场所等因素。商业环境考察的内容有：①广场附近大型超级商场购物是否方便；②广场内买小吃、饮料是否方便；③到广场附近的文化娱乐场所的方便程度；④对周边的商业灯箱及广告的满意度。交通环境考察的因素则包括：①搭乘出租车是否方便；②乘公共汽车是否方便；③到停车场停车是否方便等。配套环境主要内容有：①休憩座位的满意度；②对公共厕所的满意度；③配套的垃圾箱的满意度；④对建筑小品（雕塑）的满意度；⑤对灯光及标志的满意度；⑥对草坪的满意度；⑦对用于遮阳乔木的满意度等内容。景观环境主要是指周围建筑环境对广场中人的行为的影响。安全环境因素要考虑的是广场内安全措施及其各项设施的安全性。其他评价内容包括：①广场的范围、大小是否合适；②广场到自己住处或办公地的距离是否恰当。

经过剥离和排除，得出 26 种环境因子。可以肯定的是这 26 种环境因子对人们在广场内的行为模式有着不同的影响作用。要分析每种环境因子对人的行为的影响——即每一种环境因子的行为模式，将是一个非常庞大而复杂的系统工程。任何事物的矛盾都有主次之分，只有抓住事物的主要矛盾，才能真正了解事物的本质。其实，26 个环境因子中，对人们在广场内的行为产生关键性作用和影响的主要因子也许只有少数几个，决定广场的物理环境好坏也主要是这几个因素。所以，利用科学的方法，找出这几个因子，再详尽地分析研究这几个环境因子对人们行为的影响，就能正确地进行广场的环境评价和人的行为模式分析。

在得出表 4-3-2 后，我们随后把表分别在五个样本广场和三个辅助样本广场内进行派发调查，每个广场分别派发了 70 份，即普通使用者和专业人士（包括建筑师、规划师及其他专业人士）各 35 份，收回率约 92%，符合研究的样本数。取得第一手数据后，在下一节里将利用模糊层次分析法、主成分分析法来进行数理分析并得出结论，从而进一步认清影响珠江三角洲文化休憩广场的物质环境质量的主要因子，并为下一章作行为模式分析打下坚实的基础。

4.4 珠江三角洲地区休憩广场的环境综合分析与评价

4.4.1 模糊层次分析法

4.4.1.1 广场环境质量评价体系的建立

在上一节我们已经详细论述了广场环境质量评价体系的建立及其构架。在做详细的模糊层次分析评价之前，我们先把评价指标体系及各指标的权重列出来，以备进一步分析使用。表4-4-1为广场评价指标体系及各指标的权重，各指标权重是采用群体层次分析法（GAHP）得出（将在4.4.1.4详细介绍）。

广东省文化广场的环境质量评价指标体系及其权重　　表4-4-1

因素	整体	物理	娱乐	商业	交通	配套	景观	安全	其他
指标权重	0.245	0.104	0.047	0.028	0.104	0.104	0.104	0.245	0.017

4.4.1.2 指标权重的测定过程

由于各评价指标对广场环境质量的贡献程度并不相同，因此必须对诸多因素进行赋权。目前对指标的赋权方法较多，其中主观赋权重的方法有Delphi法、专家判断及层次分析法（AHP）；属于客观赋权重的方法有变异系数法、熵值法、主成分分析法、最小方差法等。而AHP则是一种定性与定量相结合的确定权重的方法，已经成功地应于众多领域。因此本课题也采用群体AHP来确定影响文化广场环境质量的因素的权重。

层次分析法又称为AHP法，是由美国匹兹堡大学著名运筹学家T.L.Saaty于1980年创立的。它把复杂的问题分解为各个组成因素，将这些因素按支配关系形成多阶层次结构，通过两两比较确定各层次中诸因素的相对重要性，然后综合人的判断以决定诸因素的重要性排序。

这里需要说明的是，在本次调查中，我们未要求使用者对9项因素进行两两比较以判断其相对重要性，而是只要求使用者列出各因素重要性排序。我们首先计算9项因素重要性排序的平均结果，再经由以下简化的AHP方法来对各因素赋权。此方法与人群直接作配对比较的结果可能有些差异，但总的趋势是一致的。

我们在调查表中专门设置一栏目，由使用者判断9项因素的重要性次序，最重要者为1，次重要者为2，依次排列。然后标示出各因素排序的平均值。该值反映使用者作为一个总体对九项因素重要性程度的判断，结果如表4-4-2所示。表中值大者表示重要性程度低，反之则表示重要性程度高。从表4-4-2可看出，整体和安全被列为最重要的因素，这一点正符合由李北锡提出的并经过发展的最小限制律，即环境质量是授予最优状态差距最大的对象所控制。

用简化的 AHP 法对各因素赋权的步骤如下：

(1) 确定影响因素

本例影响环境质量的因素 F_i 共九项，设其重要性等级为 h_i，在表 4-4-2 中，我们已根据居民对十项因素重要性程度的主观量化结果得出平均值，并据此划分为 5 个等级，示于表 4-4-2 第三行，相应的 h_i 值示于第四行。

影响环境质量九项因素的重要性程度 **表 4-4-2**

因素	三废	物环	娱乐	商业	交通	配套	景观	安全	其他
平均重要性评分	3.14	4.2	5.26	6.16	4.18	4.9	4.28	3.46	8.78
重要性次序	1	4	7	8	3	6	5	2	9
重要性等级	Ⅰ	Ⅱ	Ⅲ	Ⅳ	Ⅱ	Ⅱ	Ⅱ	Ⅰ	Ⅴ
重要性程度	9	7	5	3	7	7	7	9	1

(2) 构造判断矩阵

将 F_i 两两比较，可得出各因素对目标（即环境质量）的重要性程度比 a_{ij}。它与重要性程度 h_i 的关系如下：

$$a_{ij}=\begin{cases}h_i-h_j+1, h_i>h_j\\1, h_i=h_j\\1/(h_j-h_i+1), h_i<h_j\end{cases} \tag{4.4.1.2-1}$$

a_{ij} 的取值共分为 5 档：$a_{ij}=9$ 表示因素 F_i 与 F_j 相比，F_j 比 F_i 极端重要，$a_{ij}=7$ 表示 F_j 比 F_i 很重要；$a_{ij}=5$ 表示明显要重要得多，$a_{ij}=3$ 表示稍微重要；$a_{ij}=1$ 表示同样重要；$a_{ij}=1/3$ 表稍微不重要；$a_{ij}=1/5$ 表示明显不重要得多；$a_{ij}=1/7$ 表示很不重要；$a_{ij}=1/9$ 表示极端不重要。

根据表 4-4-2 中所列的重要性等级 h_i 值，由 (2) 可计算出 a_{ij} 值。它们构成的判断矩阵为 A：

$$A=(a_{ij})_{9\times9}=\begin{bmatrix}1,3,5,7,3,3,3,1,9\\1/3,1,3,5,1,1,1,1/3,7\\1/5,1/3,1,3,1/3,1/3,1/3,1/5,5\\1/7,1/5,1/3,1,1/5,1/5,1/5,1/7,3\\1/3,1,3,5,1,1,1,1/3,7\\1/3,1,3,5,1,1,1,1/3,7\\1/3,1,3,5,1,1,1,1/3,7\\1,3,5,7,3,3,3,1,9\\1/9,1/7,1/5,1/3,1/7,1/7,1/7,1/9,1\end{bmatrix} \tag{4.4.1.2-2}$$

(3) 由判断矩阵求归一化特征向量

① 对判断矩阵 A 按列进行归一化处理令

$$\overline{a_{ij}} = \frac{a_{ij}}{\sum_{k=1}^{9} a_{kj}} (i,j,k = 1,2\cdots\cdots 10) \tag{4.4.1.2-3}$$

则按列归一化后的判断矩阵为：

$$\overline{A}=\begin{bmatrix} 0.263,0.280,0.212,0.187,0.281,0.281,0.281,0.241,0.164 \\ 0.088,0.094,0.127,0.133,0.094,0.094,0.094,0.080,0.127 \\ 0.053,0.031,0.042,0.080,0.031,0.031,0.031,0.034,0.091 \\ 0.053,0.019,0.014,0.005,0.018,0.018,0.018,0.048,0.055 \\ 0.088,0.094,0.127,0.133,0.094,0.094,0.094,0.080,0.127 \\ 0.088,0.094,0.127,0.133,0.094,0.094,0.094,0.080,0.127 \\ 0.088,0.094,0.127,0.133,0.094,0.094,0.094,0.080,0.127 \\ 0.263,0.280,0.212,0.187,0.281,0.281,0.281,0.241,0.164 \\ 0.029,0.013,0.008,0.009,0.013,0.013,0.013,0.034,0.018 \end{bmatrix}$$

② 计算特征向量

将$\overline{A}$的元素按行相加：$\overline{W}_i = \sum_{j=1}^{9} \overline{a_{ij}} (i,j = 1,2,3\cdots\cdots 9)$ (4.4.1.2-4)

按式 4.4.1.2-1，式 4.4.1.2-2 计算得到的特征向量为：

$$W_i = \frac{\overline{W}_i}{\sum_{j=1}^{9} \overline{W}_j} \tag{4.4.1.2-5}$$

③ 求权向量 W

将特征向量$\overline{W}$归一化即得到权向量 W：

$$W_i = \frac{\overline{W}_i}{\sum_{j=1}^{9} \overline{W}_j}$$

按上式计算得出归一化特征向量（亦即权向量）为：

$W = (W_1, W_2 \cdots\cdots W_9)$

$= (0.245, 0.104, 0.047, 0.028, 0.104, 0.104, 0.104, 0.245, 0.017)$

它满足：$\sum_{i=1}^{9} W_i = 1$

④ 计算最大特征根

$$\lambda_{\max} = \sum_{i=1}^{n} \frac{(AW)_i}{nW_i} (i = 1,2\cdots\cdots n) \tag{4.4.1.2-6}$$

⑤ 进行一致性检定

首先计算一致性指标 $C.I.$

$$C.I.=\frac{\lambda_{\max}-n}{n-1}=(9.3224-9)/(9-1)=0.043 \quad (4.4.1.2\text{-}7)$$

其次从表 4-4-3 查出平均随机一致性指标 $R.I.$ 的值。

平均随机一致性指标 $R.I.$ 值 **表 4-4-3**

阶数	1	2	3	4	5	6	7	8	9	10
$R.I.$	0	0	0.52	0.89	1.12	1.26	1.26	1.41	1.46	1.49

本例 $n=9$，故 $R.I.=1.49$。由此可计算一致性比例 $C.R.$ 的值。

$$C.R.=\frac{C.I.}{R.I.} \quad (4.4.1.2\text{-}8)$$

当 $C.R.<0.1$ 时，一般认为判断矩阵的一致性可以接受。本例

$$C.R.=\frac{0.043}{1.46}=0.029<0.1 \quad (4.4.1.2\text{-}9)$$

故所构造的判断矩阵可以接受。

4.4.1.3 广场环境质量的模糊综合评价

应用模糊综合法对广场环境质量综合评价的步骤如下：

(1) 确定因素集、评价集和权向量

因素集为：$F=(F_1，F_2\cdots\cdots F_9)$={三废，物环，娱乐，商业，交通，配套，景观，安全，其他}

评价集为：$E=\{E_1，E_2\cdots\cdots E_5\}$={好较好好，一般，较差，差}。权向量，已由上节求出：

$$W=(W_1,W_2\cdots\cdots W_9)$$
$$=(0.245,0.104,0.047,0.028,0.104,0.104,0.104,0.245,0.017)$$

(2) 模糊统计矩阵确定

用统计方法确定模糊矩阵。我们根据表 4-4-1 的标准，在珠江三角洲地区 5 个广场发放 250 份调查问卷，每个地区发放 50 份调查问卷。统计结果如表 4-4-4～表 4-4-8。表中的数据为对某评判指标而言，50 个走访对象有多大比例的认为此广场属于那个评语级。例如表 4-4-1，对整体指标而言，有 38%的走访对象认为顺德市区文化广场很好，26%的走访对象认为好，34%的走访对象认为一般，2%的走访对象认为较差，0%的走访对象认为差。

顺德市区文化广场环境质量的统计结果 **表 4-4-4**

评语 / 集指标	很好	好	一般	较差	差
	[4.5,5]	[4,4.5)	[3,4)	[2,3)	[0,2]
整体	0.38	0.26	0.34	0.02	0
物环	0.22	0.18	0.58	0.02	0
娱乐	0.02	0.22	0.50	0.2	0.06

续表

集指标＼评语	很好	好	一般	较差	差
	[4.5,5]	[4,4.5)	[3,4)	[2,3)	[0,2]
商业	0.08	0.12	0.5	0.3	0
交通	0.28	0.3	0.24	0.16	0.02
配套	0.04	0.28	0.5	0.18	0
景观	0.28	0.36	0.28	0.08	0
安全	0.26	0.32	0.36	0.02	0.04
其他	0.34	0.18	0.4	0.06	0.02

那么顺德市区文化广场的环境质量的模糊评判矩阵为：

$$\widetilde{R}_1=\begin{bmatrix} 0.38 & 0.26 & 0.34 & 0.02 & 0 \\ 0.22 & 0.18 & 0.58 & 0.02 & 0 \\ 0.02 & 0.22 & 0.50 & 0.2 & 0.06 \\ 0.08 & 0.12 & 0.5 & 0.3 & 0 \\ 0.28 & 0.3 & 0.24 & 0.16 & 0.02 \\ 0.04 & 0.28 & 0.5 & 0.18 & 0 \\ 0.28 & 0.36 & 0.28 & 0.08 & 0 \\ 0.26 & 0.32 & 0.36 & 0.02 & 0.04 \\ 0.34 & 0.18 & 0.4 & 0.06 & 0.02 \end{bmatrix}$$

肇庆牌坊文化广场环境质量的统计结果 **表 4-4-5**

集指标＼评语	很好	好	一般	较差	差
	[4.5,5]	[4,4.5)	[3,4)	[2,3)	[0,2]
整体	0.32	0.32	0.30	0.06	0
物环	0.08	0.14	0.60	0.16	0.02
娱乐	0.14	0.20	0.50	0.16	0
商业	0.16	0.24	0.42	0.16	0.02
交通	0.30	0.26	0.36	0.08	0
配套	0.10	0.24	0.44	0.26	0.06
景观	0.14	0.38	0.30	0.18	0
安全	0.28	0.30	0.28	0.12	0.02
其他	0.20	0.20	0.32	0.26	0.02

那么肇庆牌坊文化广场的环境质量的模糊评判矩阵为：

$$\widetilde{R}_2=\begin{bmatrix}0.32 & 0.32 & 0.30 & 0.06 & 0\\ 0.08 & 0.14 & 0.60 & 0.16 & 0.02\\ 0.14 & 0.20 & 0.50 & 0.16 & 0\\ 0.16 & 0.24 & 0.42 & 0.16 & 0.02\\ 0.30 & 0.26 & 0.36 & 0.08 & 0\\ 0.10 & 0.24 & 0.44 & 0.26 & 0.06\\ 0.14 & 0.38 & 0.30 & 0.18 & 0\\ 0.28 & 0.30 & 0.28 & 0.12 & 0.02\\ 0.20 & 0.20 & 0.32 & 0.26 & 0.02\end{bmatrix}$$

东莞市樟木头镇东城文化广场环境质量的统计结果　　　　表 4-4-6

评语 / 集指标	很好	好	一般	较差	差
	[4.5,5]	[4,4.5)	[3,4)	[2,3)	[0,2]
整体	0.30	0.24	0.30	0.12	0.04
物环	0	0.08	0.58	0.32	0.02
娱乐	0.1	0.12	0.48	0.24	0.06
商业	0.22	0.22	0.46	0.10	0
交通	0.28	0.24	0.40	0.08	0
配套	0.04	0.22	0.40	0.32	0.02
景观	0.18	0.46	0.26	0.1	0
安全	0.38	0.24	0.28	0.02	0.08
其他	0.20	0.30	0.38	0.12	0

那么东莞市樟木头镇东城文化广场环境质量的模糊评判矩阵为：

$$\widetilde{R}_3=\begin{bmatrix}0.30 & 0.24 & 0.30 & 0.12 & 0.04\\ 0 & 0.08 & 0.58 & 0.32 & 0.02\\ 0.10 & 0.12 & 0.48 & 0.24 & 0.06\\ 0.22 & 0.22 & 0.46 & 0.10 & 0\\ 0.28 & 0.24 & 0.40 & 0.08 & 0\\ 0.04 & 0.22 & 0.40 & 0.32 & 0.02\\ 0.18 & 0.46 & 0.26 & 0.10 & 0\\ 0.38 & 0.24 & 0.28 & 0.02 & 0.08\\ 0.20 & 0.30 & 0.38 & 0.12 & 0\end{bmatrix}$$

东莞市西城文化广场环境质量的统计结果　　　　表 4-4-7

评语 / 集指标	很好	好	一般	较差	差
	[4.5,5]	[4,4.5)	[3,4)	[2,3)	[0,2]
整体	0.28	0.08	0.52	0.12	0
物环	0.06	0.08	0.64	0.22	0

续表

集指标 \ 评语	很好	好	一般	较差	差
	[4.5,5]	[4,4.5)	[3,4)	[2,3)	[0,2]
娱乐	0.02	0.06	0.32	0.48	0.12
商业	0.16	0.18	0.38	0.18	0
交通	0.56	0.38	0.06	0	0
配套	0.04	0.14	0.56	0.26	0
景观	0.32	0.16	0.32	0.20	0
安全	0.66	0.18	0.14	0.02	0
其他	0.42	0.14	0.38	0.04	0.02

东莞市西城文化广场环境质量模糊综合评判矩阵为：

$$\widetilde{R}_4=\begin{bmatrix} 0.28 & 0.08 & 0.52 & 0.12 & 0 \\ 0.06 & 0.08 & 0.64 & 0.22 & 0 \\ 0.02 & 0.06 & 0.32 & 0.48 & 0.12 \\ 0.16 & 0.18 & 0.38 & 0.18 & 0 \\ 0.56 & 0.38 & 0.06 & 0 & 0 \\ 0.04 & 0.14 & 0.56 & 0.26 & 0 \\ 0.32 & 0.16 & 0.32 & 0.20 & 0 \\ 0.66 & 0.18 & 0.14 & 0.02 & 0 \\ 0.42 & 0.14 & 0.38 & 0.04 & 0.02 \end{bmatrix}$$

惠州滨江公园文化广场环境质量的统计结果　　表 4-4-8

集指标 \ 评语	很好	好	一般	较差	差
	[4.5,5]	[4,4.5)	[3,4)	[2,3)	[0,2]
整体	0.22	0.32	0.44	0.04	0
物环	0.04	0.20	0.66	0.10	0
娱乐	0.02	0.22	0.56	0.20	0
商业	0.18	0.26	0.50	0.04	0.02
交通	0.20	0.14	0.56	0.1	0
配套	0	0.24	0.5	0.24	0.02
景观	0.2	0.28	0.34	0.18	0
安全	0.04	0.28	0.46	0.2	0.02
其他	0.20	0.26	0.38	0.14	0.02

惠州滨江公园文化广场环境质量模糊综合评判矩阵为：

$$\widetilde{R}_5=\begin{bmatrix}0.22 & 0.32 & 0.44 & 0.04 & 0\\0.04 & 0.20 & 0.66 & 0.10 & 0\\0.02 & 0.22 & 0.56 & 0.20 & 0\\0.18 & 0.26 & 0.50 & 0.04 & 0.02\\0.20 & 0.14 & 0.56 & 0.1 & 0\\0 & 0.24 & 0.5 & 0.24 & 0.02\\0.2 & 0.28 & 0.34 & 0.18 & 0\\0.04 & 0.28 & 0.46 & 0.2 & 0.02\\0.20 & 0.26 & 0.38 & 0.14 & 0.02\end{bmatrix}$$

（3）进行模糊综合评判

根据上述的模糊综合评判矩阵，可以求得顺德市区文化广场的最终综合评判结果：

$$\widetilde{S}_1=W\cdot\widetilde{R}_1=\begin{bmatrix}0.245\\0.104\\0.047\\0.028\\0.104\\0.104\\0.104\\0.245\\0.017\end{bmatrix}\cdot\begin{bmatrix}0.38 & 0.26 & 0.34 & 0.02 & 0\\0.22 & 0.18 & 0.58 & 0.02 & 0\\0.02 & 0.22 & 0.50 & 0.2 & 0.06\\0.08 & 0.12 & 0.5 & 0.3 & 0\\0.28 & 0.3 & 0.24 & 0.16 & 0.02\\0.04 & 0.28 & 0.5 & 0.18 & 0\\0.28 & 0.36 & 0.28 & 0.08 & 0\\0.26 & 0.32 & 0.36 & 0.02 & 0.04\\0.34 & 0.18 & 0.4 & 0.06 & 0.02\end{bmatrix}$$

$$=(0.251,0.275,0.382,0.074,0.015)$$

根据隶属度最大原则，可知顺德市区文化广场环境质量最终评判结果为“一般”。同理可得出其他休憩文化广场的最终评判结果：

$$\widetilde{S}_2=W\cdot\widetilde{R}_2=(0.2259,0.2775,0.3596,0.1312,0.0141)$$

同理由隶属度最大原则可知，肇庆牌坊文化广场环境质量最终评判结果也为“一般”。

$$\widetilde{S}_3=W\cdot\widetilde{R}_3=(0.2329,0.2385,0.3546,0.1357,0.03638)$$

即东莞市樟木头镇东城文化广场环境质量最终评判结果也为“一般”。

$$\widetilde{S}_4=W\cdot\widetilde{R}_4=(0.3448,0.1529,0.3582,0.1333,0.006)$$

东莞市西城文化广场环境质量最终评判结果也为“一般”。

$$\widetilde{S}_5=W\cdot\widetilde{R}_5=(0.1188,0.2585,0.4815,0.13618,0.0079)$$

惠州滨江公园文化广场环境质量最终评判结果也为“一般”。

4.4.1.4　结论

由以上研究结果，可以得出如下结论：

(1) 依据拟定的调查表对人群进行文化性休憩广场的环境质量评价调研，再运用模糊数学中的模糊综合评价方法对广场环境质量进行了评价，可以得出定量的评价结果。

(2) 评价结果表明，五个广场的评定级别都属于一般，使用者对文化广场的满意度并不是十分高。由此可见我们选定的五个休憩（文化）广场在环境质量方面还有很大的改进余地。必须强调的是，我们选定的广场样品是被评为“十佳文化广场”以及在学术界及老百姓心目中认为比较好的广场，由此可见其他的广场的环境质量更需要提高和改进。同时，这种定量的分析也为我们将来在评价广场环境质量的时候提供一个坐标和参考，避免以前评价广场环境质量时的模糊和人为的不科学的定性指标。

(3) 在此基础上，我们将在下一节对五个样本进一步做主成分分析，以期得出对休憩广场的环境质量起决定作用的环境因子。根据这些环境因子有针对性地进行行为模式研究，其结果将有利于指导我们的建筑设计工作，提高设计水准。

4.4.2　主成分分析法

4.4.2.1　主成分分析

主成分分析法是一种将多维因子纳入同一系统进行定量化研究的多元统计分析方法，在解决实际问题时已经取得较好的效果。

设 X 为 p 随机向量，其协方差阵为 $E(XX')=\Sigma$。设Σ的 p 个特征根由大至小排列为：

$$\lambda_1 \geqslant \lambda_2 \geqslant \cdots \geqslant \lambda_p \geqslant 0 \quad (4.4.2.1\text{-}1)$$

则 X 的第 i 个主成分系数向量 L_i是第 i 大特征根 λ_i所对应的正则化特征向量（$i=1, 2, \cdots, p$）。称 $\lambda_k(\sum^{p}\lambda_i)^{-1}$ 为第 k 个主成分 Z_k的方差贡献率；称 $(\sum_{i=1}^{k}\lambda_i)(\sum_{i=1}^{p}\lambda_i)^{-1}$ 为前 K 个主成分的累积方差贡献率。通常以 $(\sum_{i=1}^{k}\lambda_i)(\sum_{i=1}^{p}\lambda_i)^{-1} > 0.85$ 为原则，确定选用的主成分的个数。

对广场影响因素进行主成分分析的具体步骤如下：

(1) 求 9 项影响因素的样本相关矩阵 R；

(2) 求 R 矩阵的特征值及特征向量

由 R 的特征方程：

$$|R-\lambda_i|=0 \quad (4.4.2.1\text{-}2)$$

求得 9 个非负特征根 $\lambda_1 \geqslant \lambda_2 \geqslant \cdots \geqslant \lambda_p \geqslant 0$（表 4-4-9）

令

$$(R-\lambda_i)Z=0 \quad (4.4.2.1\text{-}3)$$

由式 4.4.2.1-3 求得的非零解向量 Z_i，称为对应于 λ_i的特征向量。各特征向量λ_i所对应的特征向量Z_i在各原变量x_j的系数u_{ij}，即：

$$Z_i = \sum_{j=1}^{9} u_{ij} x_i \quad (4.4.2.1\text{-}4)$$

我们利用SPSS软件对调查的数据进行多元统计分析。表4-4-9为9个影响的因素的相关矩阵R。

九项影响因素的相关矩阵 **表4-4-9**

		三废	物环	娱乐	商业	交通	配套	景观	安全	其他
Correlati	三废	1.000	.705	.742	−.683	−.815	.509	.227	−.657	−.503
	物环	.705	1.000	.253	−.741	−.527	.334	.074	−.460	.066
	娱乐	.742	.253	1.000	−.135	−.795	.383	−.318	−.813	−.942
	商业	−.683	−.741	−.135	1.000	.174	−.746	−.522	−.024	−.094
	交通	−.815	−.527	−.795	.174	1.000	.011	.099	.944	.592
	配套	.509	.334	.383	−.746	.011	1.000	.140	.082	−.344
	景观	.227	.074	−.318	−.522	.099	.140	1.000	.420	.416
	安全	−.657	−.460	−.813	−.024	.944	.082	.420	1.000	.656
	其他	−.503	.066	−.942	−.094	.592	−.344	.416	.656	1.000

从表4-4-10，我们可知利用SPSS计算得R矩阵的特征值依次为4.498、2.557、1.208、0.737……前面4个特征值对应的方差贡献率分别为：49.982%、28.415%、13.42%和8.183%，前3个特征值对应的方差累计贡献率为91.817%，大于85%，因此前面3个主成分已反映原始指标所提供的绝大部分信息。

***R*矩阵的特征值与方差贡献率** **表4-4-10**

Component	Initial Eigenvalues			Extraction Sums of Squared Loadings		
	Total	% of Variance	Cumulative %	Total	% of Variance	Cumulative %
1	4.498	49.982	49.982	4.498	49.982	49.982
2	2.557	28.415	78.396	2.557	28.415	78.396
3	1.208	13.420	91.817	1.208	13.420	91.817
4	.737	8.183	100.000			
5	6.854E-16	7.616E-15	100.000			
6	2.978E-16	3.308E-15	100.000			
7	1.339E-16	1.488E-15	100.000			
8	−8.55E-17	−9.497E-16	100.000			
9	−1.98E-16	−2.195E-15	100.000			

各主成分线性表达中原指标的系数在理论上取相应特征值对应的正规化单位特征向量即可，而每个特征值对应的单位特征向量又不是惟一的（存在符号上的差异），特征向量的取法决定了最终主成分综合评价的效果，本文使用SPSS软件构造出符合实际的前3个主成分依次为：

$$Z_1 = -0.927x_1 - 0.615x_2 - 0.912x_3 + 0.436x_4 + 0.891x_5 - 0.429x_6 + 0.141x_7 + 0.847x_8 + 0.724x_9$$

$$Z_2 = 0.335x_1 + 0.512x_2 - 0.301x_3 - 0.892x_4 + 0.194x_5 + 0.558x_6 + 0.737x_7 + 0.424x_8 + 0.475x_9$$

$$Z_3 = -0.07x_1 - 0.425x_2 + 0.259x_3 - 0.063x_4 + 0.367x_5 + 0.687x_6 - 0.137x_7 + 0.317x_8 - 0.475x_9$$

第一主成分 Z_1 在交通、安全及其他（对广场现在的大小范围、对广场到自己家的距离）这三因素上的系数最大，说明 Z_1 主要反映文化广场交通与安全，它进一步证实了从相关分析得出的结论。第二主成分 Z_2 在景观方面的系数最大，说明它反映文化广场的景观状况。第三主成分 Z_3 在配套设施方面的系数最大。

将五个广场计算出各主成分的得分、综合得分、评价排名及评价结果，具体如表 4-4-11 所示。

各文化广场之主成分得分、综合得分及评价排名　　表 4-4-11

	第一主成分得分 Z_1	第二主成分得分 Z_2	第三主成分得分 Z_3	综合得分	排名（由好到差）
顺德市区文化广场	0.716	8.68	1.48	10.88	4
肇庆牌仿文化广场	1.98	7.31	2.02	11.31	3
东莞樟木头镇东城文化广场	1.50	7.02	4.45	12.97	2
东莞市西城文化广场	3.54	7.97	2.02	13.53	1
惠州滨江公园文化广场	0.43	6.8	1.27	8.5	5

从表 4-4-11 可看得出，东莞西城文化广场第一主成分得分最高，也就是当地使用者对东莞西城文化广场的交通、安全及其他方面评价较好；顺德市区文化广场第二主成分得分最高，也就是其在景观方面得分最高；东莞樟木头镇东城文化广场第三主成分中得分最高，表示配套设施最好。在总排名中，是东莞西城文化广场得分最高，而且从 3 个主成分分析来看，东莞西城文化广场得分都比较高，表明其在各个方面都比较具有优势，这与实际调研情况相符。

4.4.2.2　结论

由以上研究结果，可以得出如下结论：

（1）通过数理统计得出珠江三角洲地区文化广场五个样本的环境质量综合评分，其排名次序与我们调查访问时的结果一致。应用该方法使评价标准更直观化、精确化。

（2）依据拟制的调查表对市民进行文化广场的环境质量评价调研，再利用数理统计学和计算机程序处理，完全可以得出较精确的定量评价指标和评价方法。

（3）分析结果表明，在珠江三角洲地区，目前影响文化广场环境质量者主要是交通因子、景观因子及配套设施因子，因此：

① 我们在进行文化广场的规划设计时应该注意在选址时充分考虑城市交通条件和停车便利性对市民使用文化广场的影响；

② 积极完善文化广场的安全设施和安全措施；

③ 文化广场的建设应该是一个系统工程，不仅仅包括广场本身的设施，更包括其周围景观的利用、周边建筑的配景和环境的融入；

④ 广场内的乔木、植被、绿化、草坪、休憩座位、配套卫生垃圾箱、公共厕所、建筑小品、灯光及标志等配套设施是决定文化广场环境因素内部构造的重要因素。对这些因素作进一步的人的行为模式研究显得意义尤其重要。

4.5 广场的生态环境与可持续发展

在城市的规划和建设中，生态环境与可持续性发展已越来越为人们所重视，休憩广场在城市空间中承担着为市民提供休憩场所的功效，其环境的营造也必须是可持续发展的生态环境。

生态环境不仅仅是指在广场内栽植绿化那么简单，而是从地球环保的角度出发，以全面化、系统化的环保设计作为诉求的可持续发展的设计理念。广场的生态环境应定义为：以广场休憩人群的健康、舒适为基础，广场环境设计时追求与地球环境共生共荣及其环境的可持续性发展。

营造广场环境的材料、能源、水、土地及气候是“地球资源”，这些地球资源经人类营造后，形成了休憩广场——包括基地、人造环境、建筑及设备等。当人类使用广场后随即产生垃圾、污水、二氧化碳及排放物等废弃物，地球资源是投入（input），废弃物是输出（output）。所谓的可持续性广场生态环境就是指在广场的营造中用最小的 input 及产生最小的 input 来营造最人性化的、最舒适的广场休憩环境。

上一节我们采用了模糊层次分析法和主成分分析法对广场的物质环境进行了评价，从某种意义上来说，这种评价有着其片面性。比如在同样的城市里，一个占地 1 万 m^2 的休憩广场和一个占地 3 万 m^2 的休息广场所提供的休憩空间的舒适度和满意度是等同的，那么，在评价这两个广场时，占地 1 万 m^2 的广场评价指数肯定要高，因为它所占有的地区资源（input）远比占地 3 万 m^2 的广场少得多，且其 output 也将少得多。

因而，提及广场的生态环境及其可持续性发展时，绝不可以仅仅用“天人合一”等玄学的词汇来加以粗略的概况，而应赋予其具体的量化指标，这种量化指标的赋予应从 input 和 output 来加以综合考虑。笔者认为主要应考虑如下几种指标：

（一）绿化指标

绿化指标是环境品质最重要的指标之一，也是可持续性发展的重要依据之一。绿化一方面可怡情养性、陶冶情操，另一方面具有净化空气、减少噪声、调节气候、增加大地涵养水能力、增进土壤生态功能。绿化同时被公认为是吸收大气二氧化碳最有效的策略，有减缓地球气候高温化的功效。

绿化指标的确定，绝不仅仅是单指绿化覆盖率，而应是“绿量”，即广场中树木、草坪等对二氧化碳的吸收能力、对空气的净化效果、光合作用的功效等综合指标。比如，广场内有 50％以上绿化率的人工草坪和拥有相同绿化率的阔叶乔木比较，其绿化指标（绿量）相差却相差得太远了，因为人工修剪的草坪由于其白天的光合作用与夜间的呼吸作用相抵消，对于二氧化碳的固定效果几乎等于零，亦即人工草坪对于空气的净化作用毫无贡献，而阔叶乔木对二氧化碳的固定量则达 808kg/m^2（40 年）。所以，从生态角度而言，广场中种植草坪是不环保的和非生态的。

（二）基地保水指标

许多广场为了美观或其他需要，有意无意地采用不透水的铺地，使得大地丧失良好的渗透、吸水能力，剥夺了土壤内微生物活动的空间，减少了滋生植物的能力，同时又因为土地失去蒸发水分潜热的能力而丧失了调节气候的功能，其环境不是生态环境。因而，基地保水指标也是广场生态环境的一个重要指标，以增加基地的保水性能。

所谓基地的保水性能，就是广场基地涵养水分及贮留雨水的能力。基地保水设计主要分为两部分，一是“直接渗透设计”，二是“贮留渗透设计”。所谓“直接渗透设计”，就是完全利用土壤空隙的毛细渗透原理来达成土壤涵养水分的功能。所谓“贮留渗透设计”就是设法让雨水暂时留置于基地上，然后再以一定流速让水渗透循环于大地的方法。这也是本指标不用一般“透水”之名，而取名为“保水”的原因。基地保水性能好，基地涵养雨水的能力就越强，有益于土壤微生物的活动，进而改善土壤的有机品质并滋养植物，对生态环境有莫大的功效，这是广场生态环境不可缺少的指标。

（三）废弃物减量指标

所谓废弃物有两个含义，一是指广场建造及维修过程中所产生的工程的不平衡土方、弃土、建材及灰尘等足以破坏周围环境卫生及人体健康的物质；而是指广场中人群在休憩过程中所产生的垃圾。

把这一指标作为衡量广场生态环境是有重要意义的。比如，有些广场不顾地形地貌，把整座山削平，把美丽的湖泊填实，制造大量的余土和垃圾，其废弃物减量指标就非常小。

（四）水资源指标

水资源指标是指广场节约用水及的循环利用指标。

一个广场如果为了喷泉及瀑布的营造、为了浇灌草坪甚至冲去铺地的垃圾而耗费大量的宝贵城市用水都是非生态的。

（五）热辐射指标

珠江三角洲地处亚热带，日照辐射时间长、强度大，如果广场铺地面积太大，材质选择不恰当必然使广场及其周围的微环境气候遭到破坏，故热辐射指标也是评价广场生态环境的一个必须考虑的指标。

生态环境的评价指标是广场物质环境评价的一个重要补充，在对广场环境进行评价时必须两者兼顾。

本研究对生态环境的评价将在随后对物质环境的主要因子作详细分析时加以穿插研究补充。

4.6 建成环境的意义及空间性质

我们已经明确了这么一点——不同的文化背景、不同阶层、不同教育程度、不同年龄、甚至不同地域的人在相同的客观环境里所产生的认知环境是不同的，也就是说所产生的心理环境不同。这种心理环境的相异随着个体（人）与个体（人）的素质（包括文化背景、地域差距、年龄、教育背景、所处阶层等）的差距的增大而表现得越明显。

要认清客观环境表现在不同的个体中所产生不同的个体心理环境，首先必须搞明白人们究竟是用什么方式以及在什么基础上对客观环境做出反应。这也是研究“人—环境”关系的一个最基本的问题，它涉及人与环境联系机理的特性。

美国环境心理学家阿摩斯·拉普卜特（Amos Rapoport）在其著作《建成环境的意义——非言语表达方法》（The Meaning Of the Built Environment——A Nonverbal Communication Approach）中阐述：“看来人们是以他们获得的环境的意义来对环境做出反应的。可以说‘环境的评估，与其说是关于一些特定事物的细节分析，不如说是从总体上的感觉反映问题；与其说是明显的，不如说是潜在的功能问题；同时它很受意念与观念的影响’。”[8]

在这里，阿摩斯·拉普卜特（Amos Rapoport）引出了一个“环境意义”的新概念。这是一个非常中肯和实用的概念，使我们在研究环境问题时多了一道不可或缺的桥梁。

在“人—环境”关系的研究中，现在人们越来越趋向于用“科学化”的应用实证主义法。本书也主要偏重于用数理统计、概率论以及模糊数学的有关计算机模型等来对珠江三角洲的休憩广场作定量的环境评价和人的行为模式的分析。这种方法无疑是比较具有实证性和科学性，同时其得出的结论也是较为精确和有实用价值的，然而，当侧重于对环境的这些“硬”件的分析时，却不可忽略对环境的模糊的“软”的方面——如环境的意义的分析。

环境的意义，从根本上来说就是人们在认知环境时，环境对个体所产生的意义。环境的意义和个体心理环境是一一对应的。

阿摩斯·拉普卜特认为，人们对环境的认知首先是整体的、感情的反应，然后才是以特定的词语去分析与评估它们。这样，环境质量的整个概念显然就是这样一个概念，即人们喜欢一个环境（广场）只是喜欢他们特有的概念。在调查中，我们在访问使用者时，问“你觉得东莞西城文化广场如何?”时，人们往往是用一句话（概念）就概括完：“很漂亮”、“很幽静”、“真的好美”等。这一点恰好就是使用者对广场的整体的感情的反应——亦即广场环境的意义之所在。

就环境而论，感情方面的意象在判断中是起主要作用的。最初始的感觉及总体的反应影响着随后而来的与环境相互作用的倾向。因而，这种总体的感情上的反应是基于环境及其特定的方面所给予人们的意义。这种意义的重要性可以根据以下观点进行讨论，即人类精神基本上靠通过使用认知的分类学、类别和图式，试图赋予世界的意义来起作用，建成的形式是这些图式与范畴的有形表现。有形的要素不仅造成可见的、稳定的文化类别，同时也含有意义，那就是如果当它们与人们的图式相适应时，它们的代码也可被译出。

我们发现，对同样的环境、建筑师（设计者）与使用者（非专业人士）的反应往往是不同的，偏爱也有很大的差异，其根本的原因就是因为他们头脑中环境所形成的图式不同，导致他们对这一环境的认知结果不同，产生的环境意义也不一样。

那么，这些图式的代码究竟是怎么被译出，环境的意义究竟怎样被人们所解读呢?

关于这一点，用环境知觉与联想方面的区别，可以论证专业设计者与非专业者对环境的不同反应和对环境意义的不同理解。建筑师（专业者）倾向于从知觉的措辞作出反应，解释其意义的代码，而使用者（非专业者）则倾向于从联想的措辞作出反应，来联想环境的意义[9]。比如，肇庆牌坊文化广场的大型喷泉，设计师是从知觉的措辞出发做出的设计，希望喷泉成为广场的一个视觉中心，同时为广场增加动感，为湖面的“软”性空间和广场的“硬”性空间作一个纽带和过渡；然而，使用者（包括市民、游客等）首先联想的是在夜间看到的广场的喷泉像彩虹——“彩虹一样的喷泉”，还有的联想到天上的瀑布——犹如“天上的瀑布直泻广场”（这是一晚报记者描述牌坊广场的用词)。可见专业者与非专业者对环境意义的解读有着巨大的差别。

图 4-6-1 阿姆斯特丹“老人之家”局部

再比如阿姆斯特丹的海兹伯格(Hertz berqer)老人之家(Architectural Review，1976)(图 4-6-1)，建筑师在立面设计时，是从知觉的措辞出发的，但是使用者却从环境的联想措辞作出评价。他们看到白框与黑填空的构件以十字架与棺木的形式出现，可见，同样的环境符号在建筑师与使用者心目中引发的建筑意义却相差万里。

当然，要对环境的意义作详细具体的研究是非常复杂而艰巨的。尽管在这一领域已具备了许多研究方法，但都不是很完善。

本书对环境研究的重点，还是用实证和科学的方法来对珠江三角洲地区的休憩广场环境做出评价和研究，对广场意义的研究只能是抛砖引玉，把问题提出来，供作进一步研究时参考，本文在这方面只作一般描述性的研究。

目前，对环境意义的研究，不外乎如下三种途径：

(1) 符号学的方法；

(2) 象征的方法；

(3) 非言语表达方法。

符号学的方法，来源于结构主义哲学。它把环境分解成一个个符号，然后用符号学的“能指——所指”关系来对这些符号作出意义上的解释。符号分析比较倾向于集中在符号关系层次上，同时又运用了更为普遍的语言学模型，因而符号学是非常抽象的，并且充满了生造的、相当难懂晦涩词句。符号学设想符号是单义的，即与它们所代表的事物有一对一的对应关系，因为它们相当直接地、图像性地、或以其他方式与那些事物联系在一起。

而象征则被设想为多义的，即有一对多数的对应关系。象征被定义为“对于概念起传达思想感情的工具作用的任何物体、行动、事件、特性或关系”，也被定义为任何“人们已铭记意义的经验中的对象”[10]。

非言语表达方法则认为人们是通过语言、声响和非语言来表达意义的，而环境通常只能是用非言语的形式来表达意义。非言语表达方式强调“真正的”环境既直接表达意义，又帮助生成其他形式的意义，二者相互作用，交流和协同动作。环境的意义应该是直线型的，因此，环境意义可能用不着清晰的表达力强的一整套语法(符号关系学的)规则，由于环境的内在模糊性，它们更接近于类似于非语言表达。所以，非语言分析比语言提供了一个更为有用的模式。

环境的最终服务对象是大众使用者（普通的个体），包括休憩广场的使用者是广大市民、旅游者和外来工等，这一点是毋庸置疑的。然而，环境的规划者、设计者却是专业人士（建筑师、规划师、景观设计师、园林设计师等），专业人士和普通使用者对环境意义认识的差别又是那么不同。这一对矛盾将如何统一呢？

我们研究环境——无论是用数理方法研究环境的“硬”性方面（环境的评估）还是研究环境的“软”性方面（环境的意义），其最终目的都是为营造更好的环境，那么，是以专业人士的环境意义为标准还是一切都遵循使用者的环境意义呢？

这就不得不深刻地思考环境“意义的引导”这一问题了。

曾经有一个社会心理学家做过这样一个调查，发现相同年龄、相同文化教育层次，包括所处的社会地位等都相似的两组人群—德国人和中国人，德国人的审美情趣普遍地比中国人要高，一个重要的原因就是环境的“意义的引导”的作用使然。由于德国人对生活的客观环境（包括空间、雕塑、建筑、绿化等）的审美意义，普遍格调比较高雅，因而对市民的审美情趣的培养起着一种“惯性”的作用。因而，他们也许面对一种“美”的环境尽管表达不出欣赏的理论，但却能发出一种原始的冲动和“审美愉悦”。

如此看来，人们的审美是需要引导的。同样，对环境意义的解读也需要引导。问题在于完全按照建筑师（设计者）的知觉去建构环境，所产生的环境意义的信息将是超负荷的，人们一时难以接受。如果把环境的意义用一种“信息容积”来表示的话，究竟建筑师（设计者）超前使用者（非专业人士）多少信息量才能达到他们对环境意义的平衡呢？这是一个全新的课题，还有待于我们去作深刻而全面的考察。

4.7 本章小结

环境包括物理环境、社会环境和概念环境。本章首先对珠江三角洲地区休憩广场的社会环境做出详尽的分析——兼容性和开放性是其社会环境的基础，表现为对包括中原文化在内的各种文化的兼容及对现代意识的强烈追求等。概念环境其实就是心理环境，是一种以观念形式表现出来的环境，正是由于珠江三角洲地区固有的人文、社会心理才形成休憩广场特有的概念环境。

对珠江三角洲地区休憩广场的物理环境作详尽的研究是本章的重点。为此，首先筛选出可能对休憩广场环境产生重要作用的各种环境因素和因子，并制成表格在五个样本广场内作问卷调查并辅以访问法和现场观察法来得到第一手的资料，在此基础上再应用模糊层次分析法和主成分分析法来做数理分析，从而得出五个样本的环境评价等级，并得出决定广场环境质量的主要因子—分别是交通因子、景观因子及配套因子。

通过数理分析得出的休憩广场环境的等级评价，实际上就是广场人群对广场的综合评价。然而，就个人而言，对相同的广场的评价，个体之间却存在很大的差距，这就是人们对建成环境的意义和空间性质理解的差异。由于文化背景、历史背景甚至年龄等等的差异，导致了对环境认知的差异，要求我们在作环境评价的同时，还要顾及对环境意义的引导。

参考文献

[1] 徐奇堂. 禅宗文化在岭南繁盛的原因. 广州大学学报. 第15卷第1期，2001，1.

[2] 黄明同. 岭南文化的三次大兼容与三个发展高峰. 学术研究之岭南文化交流，2000，9.

[3] 扬清. 现代西方心理学主要派别［M］. 沈阳：辽宁人民出版社，1980：263.

[4] 高觉敷. 西方近代心理学史［M］. 北京：人民教育出版社，1982：357-348.

[5] 朱智贤. 心理学大词典［M］. 北京：北京师范大学出版社，1989：763.

[6] 苏世同. 心理环境论. 辽宁：吉林大学学报（社会科学版），1999，4.

[7] 马克思、恩格斯全集（第23卷）［M］. 北京：人民出版社，1972：202.

[8][9][10] 阿摩斯·拉普卜特. 建成环境的意义——非言语表达方式. 黄兰谷等译. 北京：中国建筑工业出版社. 1992：9.

第五章　广场中人群的组成结构及行为类型和行为体念

要研究广场中的人的行为模式，首要的问题就是要清楚广场中的人群组成结构、广场中人群行为活动的时间规律、广场中人群的行为类型及行为结构以及行为与环境的关系等等。

5.1　广场中的人群组成结构

由于特殊的社会环境和心理环境构成，珠江三角洲地区的休憩广场的人群结构有其自身的特点和属性，从而形成其独特的行为模式。为此，笔者对五个主要研究样本的广场进行了长期的人群结构统计和观察。本研究以 1 年为统计观察期，即把 1999 年 3 月至 2000 年 3 月作为统计观察期（表 5-1-1 为原始的统计观察表），在观察统计期内，以每个季度（3 个月）作为一个观察统计周期，共计四个周期。在每个周期内对每个广场各做两次人群结构的观察统计，其中一次在节假日（或周末双休日），另一次则在工作日，这样在一年内对每个广场共做了 8 次观察和统计。每次的观察和统计的时间是从早晨 7：30 开始到下午 19：30 结束，每隔半小时作一次统计。在人群的分类时，笔者主要是按年龄和性别来加以分类，分为老年（男性、女性）、中年（男性、女性）、青年（男性、女性）和少年儿童等。

人群结构调查统计表（　　　　广场）　　　　**表 5-1-1**

年　　月　　日　　　温度　　　气候

	时间段	人数	说　明
老年男人			
老年女人			
中年男人			

续表

	时间段	人数	说　明
中年女人			
青年男人			
青年女人			
儿童			

统计结果表明，在珠江三角洲地区，四季的气候变化对人群的户外生活和活动影响不是特别明显，尽管每个季节中所统计的人群结构和人群总数有一些差别，但其大的趋势是一致的，故在对统计结果做分析时，只需对数据做算术上的平均值分析，即可得到个广场的人群结构分析图（图 5-1-1）。

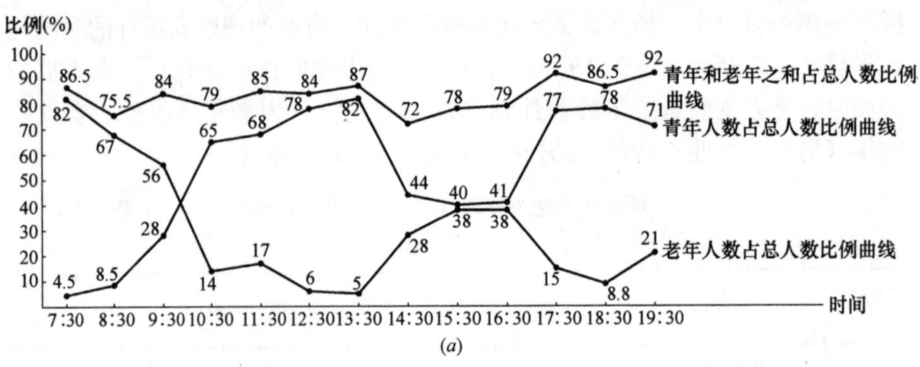

(a)

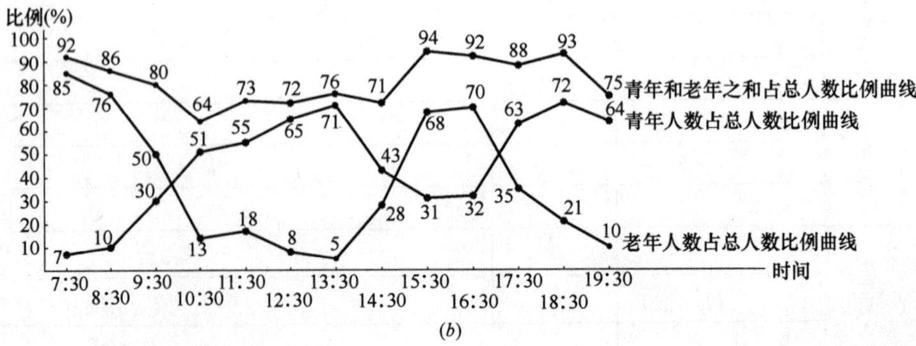

(b)

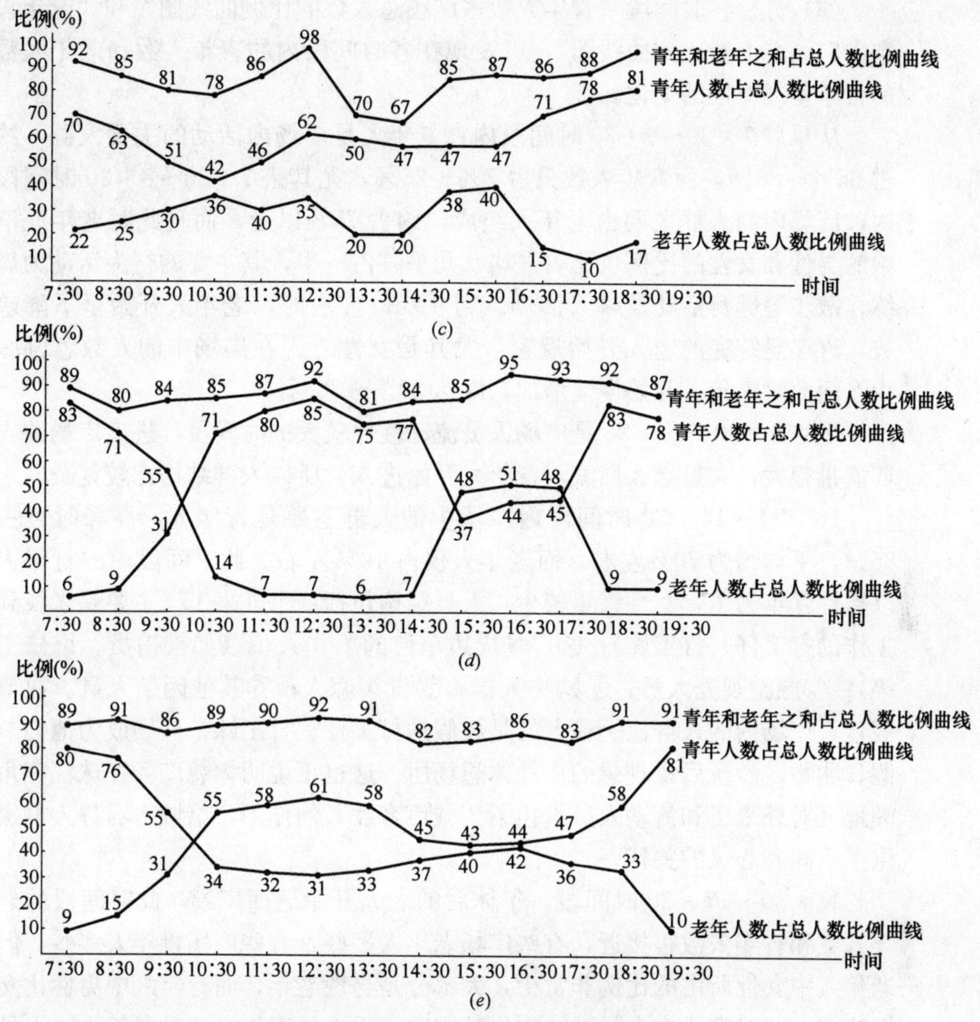

图 5-1-1　文化广场人群结构分析图

(*a*) 东莞西城文化广场；(*b*) 肇庆牌坊文化广场；(*c*) 顺德市区文化广场；
(*d*) 惠州滨江公园文化广场；(*e*) 东莞樟木头镇东城文化广场

从图中可以得出如下结论：

(1) 广场的人群中，青年和老年所占的比例最大，青年人和老年人是广场最主要的使用人群。分析图 5-1-1 中的“青年人和老年人之和占总人数比例曲线”，可看出，东莞市樟木头镇东城文化广场的曲线的最低值是 82%，最大值达 92%；而肇庆市牌坊文化广场的曲线的最低值为 64%，最大值达 94%。其他三个广场的情况也基本接近，其曲线的平均值始终在 80%左右。说明广场中青年人和老年人始终占广场总人数的 80%左右，是广场的主要使用人群。

（2）分析各时间段“青年人数占广场总人数的比例曲线图”和“老年人数占广场总人数比例曲线图”，可发现在各时间段内的青年人数和老年人数的分布呈规律性的变化。

从早晨7：30～9：30时间段内，老年人是广场内活动的主要人群，约占65%～85%，而青年人数只占7%～25%，尤其是7：30～8：30时间段内，广场内的人群主要由老年人组成，约占75%以上，而且此时老年人群中的男性和女性的比例也比较平均，几乎各占一半，其主要的行为活动为晨练、散步等健身活动及聊天活动。到9：30左右时，老年人开始呈下降趋势，许多晨练完的老人开始返家，尤其是女性老人在广场中的人数急剧减少，而此时青年人开始慢慢增加，常达20%～30%。

上午9：30～10：30是广场人员流动性比较大的时间段，进出广场的人群流量很大，大量老人回家，青年人开始进入，所以人群结构比较复杂。

10：30～14：30时间段内广场中的人群主要是青年人，高峰时可占85%，平均约为70%左右，而老年人仅占10%左右。此时间段内的青年人以男性青年为主，女性青年较少，人员结构包括：①外来工（主要是未找到工作的打工仔、打工妹）；②广场周边单位的工作人员（如推销员、维修工等）；③旅游观光人员；④购物人群；⑤青年恋人；⑥其他闲杂人员。在节假日，广场内的人群比例最大的是放假的打工仔、打工妹。广场成为他们节假日购物、游玩后最理想的户外休憩场所。这也正说明休憩广场在珠江三角洲地区对外来工和流动人员承担了“城市客厅”的作用，给城市弱势人群提供了空间和心灵的关怀。

14：30～17：30时间段，午休后的老人开始返回广场，此时间段的老年人数和青年人数很接近，有些广场老年人多些，有些广场青年人多些，但老年人中女性所占的比例非常少，大部分是男性老年，而青年人中男性比女性略多。此时间段内人员的结构比较固定，无论是青年人还是老年人，人员的流动性都比较小，且主要是以休息、聊天、喝茶、下棋、避暑、晒太阳等为主。

17：30～19：30时间段，老年人数减少，青年人数开始增加。特别是在17：30～18：30时间段内，老年人数急剧减少，他们纷纷返家；相反青年人数则急剧增加——尤其是青年恋人、青年夫妻带着小孩来广场散步、吹风等。在18：30～19：30时间段内，除了少部分散步、放风筝的老人以外，广场内的老人已经很少了，通常只占10%～20%，而青年则构成广场的主要人群。此时人群也比较活跃，行为方式也比较多。

（3）每个广场由于其大小、结构、环境、文化背景的差异，所处城市位置及服务半径等的异同，使其人群总数各异；人群结构也有其自身特点。

图5-1-2是各广场在不同时间段内人数统计分析图。分析该图可知，东

莞市西城区文化广场地处城市商业区，周围办公、购物和居住的人群密集，外来人口较多，所以广场内人群总数较大，人群结构的变化也较快，反映在其曲线变化幅度较大；而东莞市樟木头镇东城文化广场所处的位置比较偏僻，外来人口少，所以人群总数较少，人群结构比较稳定，其曲线比较平缓；肇庆牌坊文化广场由于地处旅游城市，外来旅游人流很大，尤其是在16∶30以后，广场中旅游人员开始急剧增加，在这段时间内，其曲线上升的幅度就最快。

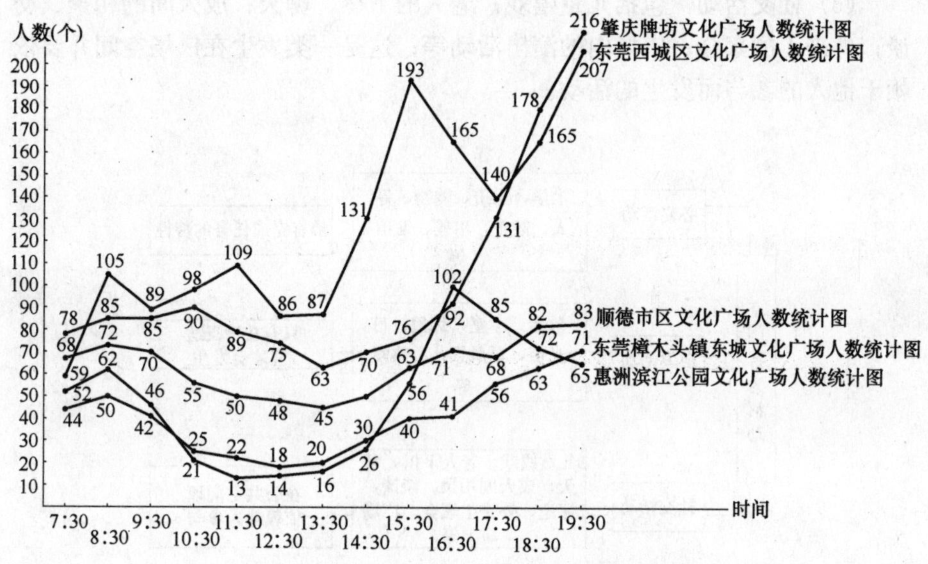

图 5-1-2　广场内各时间段人数统计分析图

威廉·怀特（William H·Whyte）在调查纽约广场时，发现纽约广场的主要活动人群是女性和在广场附近办公大楼里工作的年轻员工，威廉·怀特（William H·Whyte）认为："使用得很好的广场里的妇女比例要比平均水平高。因此，如果一个广场里的女性比例明显比平均水平低，那么肯定有某些地方是不对的。当某个广场的女性比例比平均水平高，这个广场通常是比较好的，有更多的人选择了它。"[1] 然而，这一结论并不适合珠江三角洲地区的休憩广场，由于珠江三角洲地区特殊的经济、政治、地理、历史与文化背景，形成其独特的社会环境和心理环境，决定了广场的主要使用人群为青年（以男性为主）和老年（以男性为主）。因此，研究珠江三角洲地区的休憩广场的人的行为模式，必须以这些特定的主要使用人群为研究对象，才是符合实际的方法。

5.2　广场中人的行为类型及行为体念

作为城市公共空间，休憩广场中人群的行为，按其性质分可以分为3种类型[2]，见图 5-2-1。

(1) 必要活动：包括上学、上班、购物、等人、候车、出差、发信等。这是一种属于日常工作和生活事务的活动，在不同程度上大家都要参与，多少有点不由自主的味道。

(2) 自发活动：包括散步、小坐休憩、日光浴、看风景、看热闹等。这类活动只有在人们有参与的意愿，并且在时间、地点可能的情况下才会产生。

(3) 社交活动：包括儿童嬉戏；老人的下棋、聊天；成人间的相聚、交谈；外来工的聚会；广场内的演出活动等；这是一类发生在广场空间并要依赖于他人的参与而发生的活动。

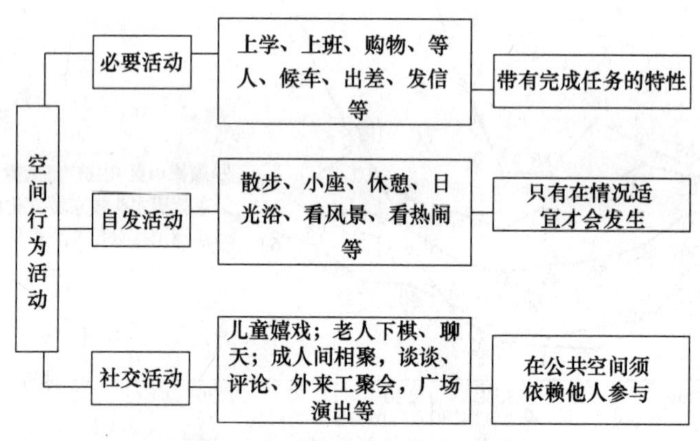

图 5-2-1　室内空间行为活动

休憩行为同时又是一种行为体验过程，这种行为体验过程就是休憩者在休憩地从事信息交流与身体运动的过程，它包括生理体验、心理体验、社交体验、知识体验、自我实现体验及其他体验等六种体验方式[3]。

(1) 生理体验：体能锻炼、体力精力恢复、呼吸新鲜空气。

(2) 心理体验：宁静、缓解工作压力、松弛、散心等。此种体验与个人的文化素质、家庭环境、生活工作环境、人际环境等密切相关，可划分为不同的层次。同一活动随个体不同体验也不同，有的人体验强烈，有的人体验微弱。同样是赏花，文人可以赋予其诗情画意，而一般的人只有赏心悦目的快感。

(3) 社交体验：发展友谊、广交朋友、公共场合的自我表现等。

(4) 知识体验：学习历史、文化、认识自然现象。

(5) 自我实现体验：发现自我价值、成就感。

(6) 其他：消极体验如不愉快体验等。

生理体验和与此相关的心理体验是初级体验；社交体验和知识体验是基

本体验；自我实现体验和其他体验是高级体验。

任何一种行为类型都伴随着一种甚至几种行为体验发生。必要活动通常只能发生初级的行为体验；自发活动则在初级行为体验的基础上还伴随着发生基本行为体验；社交活动除了上述两种体验以外，有些还可能发生高级体验。

行为的类型和行为的体验都是通过行为方式表现出来的，人们在广场中的行为方式可以是多种多样的。

广场中的任何一种行为方式通常可以得到不止一种行为体验，而且每一种体验都对应着满足人的不同的心理层次需求。比如，两个老人在广场中散步聊天，既锻炼了身体、呼吸了新鲜空气、得到了生理体验，又使身心得到了松弛和放松，得到了心理的体验；伴随着两种体验，又使老人们之间的感情得到交流，增进了友谊，得到了社交体验；如果其中从事这类活动的一个老人为初来该城市者，还可借此机会认识该城市的人文、风景和习俗，从而得到知识的体验。

笔者经过观察，整理出以下几点为广场里人群最常见的行为方式：

(1) 青年人的聚会：如聊天、下棋、喝茶、晨练、散步、静坐及看书看报等，从事这类活动的人群量较大，在广场滞留时间也较长。

(2) 老年人的聚会：如下棋、喝茶、聊天、晨练、暑练、散步、看书看报及放风筝等，从事这类活动的人群量也较大，在广场滞留时间也较长。

(3) 青年夫妻带小孩嬉戏，以周末和节假日居多。

(4) 老人带小孩散步，以祖孙居多，有时伴有保姆。

(5) 小孩嬉戏，如放风筝，打闹、在草坪上踢球等。

(6) 热恋青年，常在乔木下、草地上和广场的坐椅上聊天，观赏风景等。

(7) 外地游客的观光旅游活动。

(8) 广场周边单位工作人员（如推销人员，外派维修人员）的小憩。

(9) 外来工的约会和集会，通常在节假日举行，这类人群数目较大，但往往滞留的时间和周期比较有规律。

(10) 家庭妇女（主要是指经济条件不太好，如下岗工人等）聊天，拉家常。

(11) 表演与观看演出。

以上的观察结果是表象化、非系统化的行为方式。要深入研究广场中人群的行为模式，还必须把这些表象化、非系统化的行为方式加以归纳和总结。对于上述 11 种表象的行为方式，我们可以将之归纳为三种基本的行为方式或称行为模式：①步行行为模式；②坐憩行为模式；③驻足停留行为模式。无论是哪种行为类型和行为体验都可归纳到这三种最基本的行为模式来体现。所以，笔者对休憩广场的人群行为模式的研究就着重以这三种基本行为模式加以展开。

5.3 行为与环境的互动

随着环境行为学的不断发展完善，尤其是现代行为科学的发展，解释人类行为与环境的关系有两种主要模式[4]，即 S→O→R 模式和 $B=f(P \cdot E)$ 模式。S→O→R 模式中 S 代表刺激（Stimulas），O 代表有机体（Organism），R 代表反应（Response）。$B=f(P \cdot E)$ 模式中 B 代表行为（Behavior），包括外显行为、活动、意识及潜意识行为；f 代表函数关系；P 代表个体（Person），包括个人的生理条件或称为有机体（Organsim）；E 代表环境包括物理实质环境（或称为场所）、人际关系所构成的社会环境及其有象征性意义的概念环境。

早期心理学对人与环境之间的关系理解得很简单化，认为就是 S→R（刺激→反应）的关系，认为人与动物一样，处于一种被动的状态。现代行为学的 S→O→R 模式大大强调了机体（O）在环境与行为中的重要角色和作用，强调人在一定环境条件下的行为主动性。广场中的行为是机体（人）的行为，因此，探索广场中人的 3 种最基本的行为方式在现有广场环境条件下的规律（模式）是本研究的方向之一。

$B=f(P \cdot E)$ 模式强调任何人的行为都是在一定的环境（包括物理实质环境，社会环境，概念环境）下的行为，脱离了环境就无从谈人的行为，所以研究广场中每一个环境要素（环境因子）下的人的行为规律（模式）成为本研究的另一个方向。

无任是 S→O→R 模式还是 $B=f(P \cdot E)$ 模式，都强调环境—行为的互动关系。在广场中，环境对行为的影响是通过空间（场所）对行为的影响来实现的—也就是说广场环境与行为的互动关系就是广场空间（场所）与行为的互动关系。

就广场中人的行为的三种类型而言，由于各类型行为属性的差异，它们受环境品质（场所）影响的程度也各不相同。一般来说由于必要性活动带有完成任务的特点，因此这类活动不大受环境品质（场所）的影响，对环境品质（场所）的要求不高；第二类自发活动则不然，这类活动只有在外部条件适宜时才可能发生，如具备吸引人、气候宜人、景色优美的活动空间（场所）等条件时方才发生，所以这类活动对环境品质（场所）的要求较高。社交活动则属于一种连锁性活动，在大多数情况下，由前面两种活动发展而来。表面上看环境品质（场所）不对社交活动构成直接影响，但由于高品质的环境增加了人们相遇、驻足停留、小坐休憩等活动的机会，也就为发生更多社交活动提供可能性。因此，环境品质（场所）的好坏对社交活动的产生也有很大的影响。

从以上分析可以看出，环境品质低的空间（场所）只能发生必要活动，人们很少在其中停留，发生自发活动的可能性也很小。空间则会因为缺乏人的活动而显得死气沉沉，缺乏吸引力。相反，环境品质高的空间（场所）不仅可以延长必要活动的时间，还可以产生许多自发活动，提供更多发生社交活动的机会。由于社交活动的发生吸引了更多的人参与，多样丰富的活动，使整个空间更显得生机勃勃，更具有吸引力（表 5-3-1）。

环境品质与场所活动关系分析图 **表 5-3-1**

	物质环境质量(场所)	
	差	好
必要性活动	●	●
自发性活动	●	●
社交性活动	●	●

在休憩广场中，必要性活动相对而言是比较少的。大量性的活动表现为自发性活动和社交性活动，为人们提供散步、坐憩、聊天和看风景、晒太阳等活动的场所是休憩广场最起码的要求，如果连这一点都没做到，说明广场的空间和环境的营造无疑是失败了。所以，一个好的广场应该尽可能满足人群在广场中发生自发性活动和社交性活动对空间和环境（场所）的要求。

行为体验和环境也是一种互动关系，同一种行为方式在不同的环境中发生给人的体验是不同的。如步行，在城市广场、城市步行街、高速公路、荒山野岭中发生给人的行为体验就完全不同。行为体验与空间（场所）是密切相关的，任何行为活动都需要空间（场所）。空间（场所）的性质、大小、质量等决定了人在其中的行为体验。例如，同样是城市休憩空间，当人群在居住小区的小径上散步和在市级文化广场中散步的体验就完全不同。在居住小区的小径上散步，人们容易得到一种宁静、安详和亲切的体验；而在大型市级文化广场中散步，就更充满了开阔、活跃、刺激的气氛，这说明空间（场所）对行为体验有着重要影响，这种空间（场所）称为影子空间（Penumbra of Space）。影子空间存在对某一行为体验而言是最佳的空间规模，随着这一空间规模的增大和减小，行为体验的质量开始迅速下降。所以，我们研究广场人群行为模式目的之一就是要找出各种环境因子下最适宜的影子空间规模。

5.4 本章小结

上一章我们对 5 个样品广场的环境进行了数理评价，并得出决定广场环境品质的主要因子，在此基础上要进一步研究广场中的人的行为模式以及行为与环境的互动关系，一个首要和必须的任务就是明了广场中的人群结构，找出广场的主要使用人群和人群的行为类型及行为特征。

通过问卷法、现场观察法，再辅以访问法和图形记录法来对五个样品广场和其他辅助广场的人群结构进行长期的观察和统计，发现珠江三角洲地区休憩广场中的活动人群主要以青年人和老年人为主，其中又以男性青年人和男性老年人占多数，这和威廉·怀特（William H·Whyte）研究纽约广场人群结构所得出的结论大相径庭。研究发现，广场中各类人群的活动都有着其自身的规律，他们在广场中的行为往往随时间的变化而呈规律性的变化，本章对其做出详细的分析和研究。

通过观察，发现广场中的人群常见的活动方式大约有 11 种，其中有必要性活动，也有自发性活动及社交性活动，对其加以归纳和总结，得出休憩广场内人群的 3 种基本的行为模式，即步行行为模式、座憩行为模式及驻足停留行为模式。

之前，我们通过使用后评价得出决定广场环境质量的环境因子，现在又找出了广场中人群的结构组成和行为（活动）规律，那么，行为和环境是一种怎么样的关系？本章对此作了简要的阐述——行为和环境是互动的关系。

参考文献

[1] William H·Whyte. The Social Life of Small Urban Spaces. The Conservation Foundation 1717 Massachusetts Avenue，N. W. Washington，D. C. 20036，1980.

[2] [丹麦] 扬·盖尔. 交往与空间. 何可人译. 北京：中国建筑工业出版社，1991：3.

[3] 吴承照. 现代城市游憩规划设计理论与方法. 北京：中国建筑工业出版社，1998：11.

[4] 扬裕富. 都市空间理论与实例调查. 台湾：明文书局. 1993：1.

第六章　休憩广场中人群基本行为模式研究

环境的创造和改善始终是以人为中心的。构建休憩广场的根本目的就是为市民和游客提供一个休憩、娱乐和进行各种文化活动的城市公共空间。我们分析和评价了它们的各种环境因素，得出影响广场环境质量的因素和因子，同时还研究了广场的人群结构及其行为结构和行为体验，在此基础上，再来研究在这些环境和行为结构条件下所发生的行为模式就显得尤为重要。因为只有通过对行为模式的研究，才能得出相应的环境—行为互动关系的规律，从而为我们今后进行休憩广场的规划与设计提供理论性、建设性的指导。

6.1　步行行为模式

6.1.1　步行目的及分类

广场内人的步行行为的目的是“到达”。对步行目的——“到达”，我们可以从两个层面上来加以理解，一个层面是从行为的目标去理解，另一个层面是从行为的动机去理解。

人群在城市中的旅次可以分为三大类（1）终端性旅次；（2）机能性旅次；（3）娱乐性旅次[1]。这里的旅次包含了两个层面的意义——旅行和步行。在此基础上，按照人的步行行为目标，休憩广场内人的步行相应的也可以分为三类，即（1）终端性步行；（2）机能性步行；（3）休憩性步行。终端性步行是指步行者从出发点（如广场的入口、商场的出入口等）到交通结点，如停车场、巴士站、车站等。这种步行的“行为目的性”最强，人们一旦到达终端，步行行为也随之结束。机能性步行是指人们为了某一特定的目的而发生的步行行为，这类步行行为的目的不如终端性目的强烈，往往在此类步行过程中，由于外界环境的刺激，机体（个体）会在实施其主要目的的同时顺便实现其他目的，甚至改变初始目的。如一个打工妹周末打算去商场购物，步行通过广场，开始只想在广场里以边步行一边放松休憩，由于广场内表演的节目很有吸引力，结果她干脆放弃购物的目的，而全身心地观看演出。休憩性步行则是指专门为了休憩这一目的而进行的步行行为，包括散步、观看、交谈、甚至漫无目的闲逛。

步行行为一般历经两类基本形态的结点：一类是步行的起点或终点；一类是行人活动或视觉的焦点。如果把步行起点或终点归为第一类结点，把行人活动的视觉焦点归为第二类结点的话，那么，终端性步行往往只有第一类结点，因为发生这种步行行为的人群很少会对广场的人群活动和其他视觉目标发生兴趣；对机能性步行，第一类结点和第二类结点的出现比较随机；相反，对休憩性步行，第二类结点比较强烈和明显，第一类结点则较模糊。

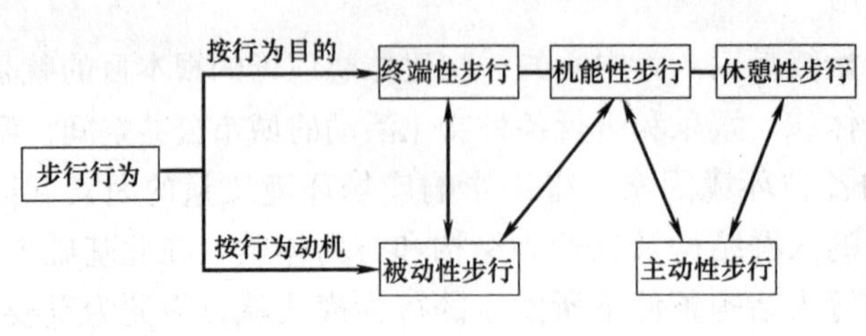

图 6-1-1　步行行为的两种类型之间的关系

按照人的行为动机来分，广场内的步行行为可分为主动性步行与被动性步行。在休憩性广场内，人的行为动机主要是为了休憩和娱乐，如观光、聊天、放松性散步等主动性的步行运动，我们称之为主动性步行。反之，如果人的步行是为了非休憩性的动机，如借道、穿过等，则这种步行我们称之为被动性步行。

可以用如下图示来说明它的之间的关系（图 6-1-1）。

6.1.2　步行行为人数比率

要观察一个特定的人或人群在广场内步行的频繁度和他们在整个广场内步行所占的时间与总时间的比例是比较烦琐和困难的，而且很难总结出规律性的东西。比如，有些老年人一进入广场就坐在他们固有的座位上下棋对弈、聊天喝茶，除了上厕所以外，他们甚至整个上午（下午）都不移动半步。相反，有些老人到广场内则仅仅为了散步、观看和聊天，几乎不坐下来休息，或坐下来的时间很少。同样是老人、同样的广场环境，但二者行为中步行的比率差别却非常大。

这样，我们就只能以广场内步行人数占广场内总人数的比率来统计步行行为发生的比率。比较东莞市西城文化广场、肇庆市牌坊文化广场、惠州滨江公园文化广场的步行行为分析图，就会发现广场内的步行人数比率有其一定的规律性（图 6-1-2）。

(1) 在东莞市西城文化广场、肇庆市牌坊文化广场的比率分析图中，7：30～10：30 时间段的曲线比较平稳，步行人数的比率在 24%～32%徘徊，因为这个时间段内的人群结构比较稳定，大部分为老年人在广场内晨炼和休息，表现为以休憩性步行为主。从 10：30～14：30 时间段，广场内人群主要是青年（尤其是男性青年）。该人群的步行比率比较大，为 45%左右，步行的动机和目的也比较复杂，有观光、散步等休憩性步行，有部分机能性步行，也有相当比率的终端性步行。尤其是东莞市西城文化广场地处交通要道，发生抄近路去上班、办事、购物的终端性步行行为的人群占很大的比例。14：30～17：30 时间段内，广场内的步行人群进入一个波谷，因为该时间段内广场的小气候不太理想，太阳直晒厉害，气温较高，不大适合步行，因此发生休憩性步行的几率就相对减少，发生机能性步行与终端性步行的机率则更少。17：30～19：30 时间段，步行人数急剧增加，高峰时达 70%～80%，因为下班后来广场休憩的人数大量增加，而且他们的休憩目的大部分是散步、乘凉、聊天、看演出等，以休憩性步行为主。此时广场的小气候很宜人，适合人进行休憩性步行活动也是一个原因。

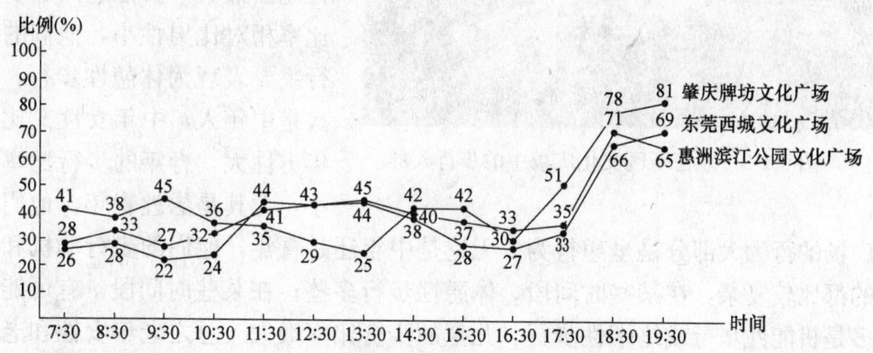

图 6-1-2 三个广场步行人数比较分析图

肇庆市牌坊文化广场由于外来旅游人口所占比例较大，所以在广场内步行人数比率的变化有其特殊性。曲线在 7：30～16：30 均比较平稳，此时外来的旅游人群是广场的主要人群，而且人群在广场内发生的行为比较接近——通常是观光、游玩，接着坐下休息喝水等，滞留时间也比较接近，一般不会超过 1 个小时，所以步行人数比较稳定，其比率保持在 30%～40%。但是，17：30 以后，由于从城市其他地方旅游游玩后汇集到广场的游客人数急剧增加，而且人群到广场的行为大都以休憩性步行为主，所以步行人数的比率也急剧增加，最高是上升到 80%。

(2) 从上一章环境评估中看到，评价指数越高（即越受人群欢迎）的广场，人群步行比率图中波峰和波谷的起伏越小。说明这些广场内的环境对人的休憩方式选择的影响（是选择步行、还是座憩或别的方式）不会随时间的推移出现太多的波动，即环境对人的行为的影响更趋向于一种“稳定”、“平衡”的状态。可见，越是受欢迎的环境往往就是人们在潜意识里认可的环境；越是不受欢迎的环境，在人们心目中印象的被变化也就越大。

(3) 环境评价指数差的广场相对环境指数好的广场，波峰和波谷值的变化相对较大，说明在环境评价指数差的广场，人们选择休憩的方式时从休憩方式转为步行方式的过程更快，步行所占比例也更大（图 6-1-3）。通过观察还发现，在环境评价指数差的广场中，人们滞留的时间也较短，步行者的步行时间和步行距离都较短。比如，在惠州滨江公园文化广场中，人群在其滞留时间的 80%以上不超过 1 个小时，步行时间也不超 20 分钟；而在东莞西城文化广场，至少40%以上人的滞留时间超过1个小时，15%以上的人超过2个小时，步行时间一般都在20～40分钟。

图6-1-3　顺德新区文化广场中的步行人群

（4）通过观察，发现这样一个规律，除了被动性步行，在主动性行为中，老年人的步行比率最大，女性老人的步行比率相对比男性小，他们的步行主要表现为休憩性步行。其次是中年人，中年女性又比中年男性大，青年的步行比率最小，尤其是男性青年，他们在广场的行为大部分是坐憩行为。无论是中年还是青年，他们的步行动机和目的都比较复杂，在某些时间段，休憩性步行多些；在某些时间段，有可能更多是机能性步行或终端性步行。儿童的步行比率最大。总之老年女性和老年男性在广场中步行的人数和时间都比较大，其次是中年，青年的步行人数则相对较少、时间较短，而儿童更乐意在广场里步行游玩而不情愿座憩。

6.1.3　步行距离和途径

广场中人的步行距离和步行途径由步行性质和分类所决定。主动性步行和被动性步行中，人的步行距离和步行途径差别比较大，而且它们的决定因素也不同。

6.1.3.1　被动式步行模式

通过对问卷表6-1-1的分析可知，广场中被动式步行的人数占步行总人数的比例总体上比较小，约占4%左右，但是由于这部分人群通常都集中在一个比较短的时间段内，如早晨上班时的8：30～9：30和下午下班时的17：30～18：30之间，在此时间段内，这类人群的人数往往占步行总人数的75%以上，成为步行的主要人群。因而，充分考虑他们的行为模式和行为的环境需要就变得非常有价值了。由于广场在城市中所处的位置、环境等因素的差别，各广场的被动步行人数差别也很大。以东莞西城文化广场和惠州滨江公园文化广场为例作比较，由于东莞西城文化广场地处市中心繁华区域，周围有很多商场、酒店、办公楼、餐厅等，因而为工作“到达”目的穿过广场的被动性步行总人数比率远大于4%，达到11%，而且在任何时间段内都有这类人群存在。当然，在早晨上班时的8：30～9：30和下午下班时的17：30～18：30，这类人群的比例更大。惠州滨江公园文化广场北临东江，呈带形布置，南面是居住小区，除了广场本身的工作人员以外，就很少有被动性步行的人群了。因而在设计这类广场时可以不必过于强调和考虑被动性步行行为环境。

日人的步行行为活动调查统计表（　　广场）　　表 6-1-1

年　月　日　　温度　　气候

对象 实况	独身老人	老人伴侣	老人群	孩童	老人带孩童	青年伴侣	青年群	中年带孩童	中年情侣	中年群	其他
步行时的时间段											
步行距离											
步行目的											
步行线路选择说明											
步行路况											
其他观察和访问说明											

当人们的步行行为表现为被动式步行时，人的行为动机和目的非常明确——那就是“到达”和“穿过”。人在广场进行步行仅仅是为了“穿过”广场“到达”目的地，如车站、商场等，所以人总是尽量想减少步行距离和少走弯路，以便尽快到达目的地。步行距离和途径由以下几个因素决定：

（1）起点和端点之间的直线距离。人群总是尽可能地沿直线来形成路径，减少步行距离，这类人群约占总人群的 35%左右。

（2）起点和端点之间的环境构成元素。在起点和端点之间的途径选择中，当路径距离差别不是太大时，人群更愿意选择环境比较优美的路径，这类人群约占总人群的33%左右（图 6-1-4）。当起点和端点之间的环境不是特别优美，而是有可逾越的障碍物时，人们总是尽可能地逾越它而穿行。如草坪常常被人群践踏出一条明显的路径，就是最明显的例证。在观察中，我们常常发现这样的现象，设计师常在不想让人群通过的一些地点，设计了植物屏障或花池绿地，但如果这一地点恰好是人群要到达目的地的捷径的节点，则景观常被破坏并自然形成一条小径。例如，华南理工大学文化广场位于工商管理学院后侧，是西区学生“到达”校门路径的重要交通节点，在广场设计时由于在直线路径上人为地设置了花坛、台阶，试图阻止合理的步行流线，又铺上植草花格

图 6-1-4　环境优美的路径是优选的步行路线

路面，很容易使穿高跟鞋的女生的鞋跟陷进凹洞。在调查中使用人群对此的反映普遍比较强烈。当起点和端点之间是不可逾越的障碍（如水池、雕塑等）时，人群的步行也是尽量沿最短距离绕过。比如一个水池中有沿边缘的路径和中间的一个个点状小桥，人群更多的是选择点状小桥，而不是饶边缘步行。

（3）广场的大小与范围。因为人在被动性步行行为中，穿越广场的最普遍的方式是对角穿越（图 6-1-5，图 6-1-6），因而广场的对角线距离常常就是人的步行距离。

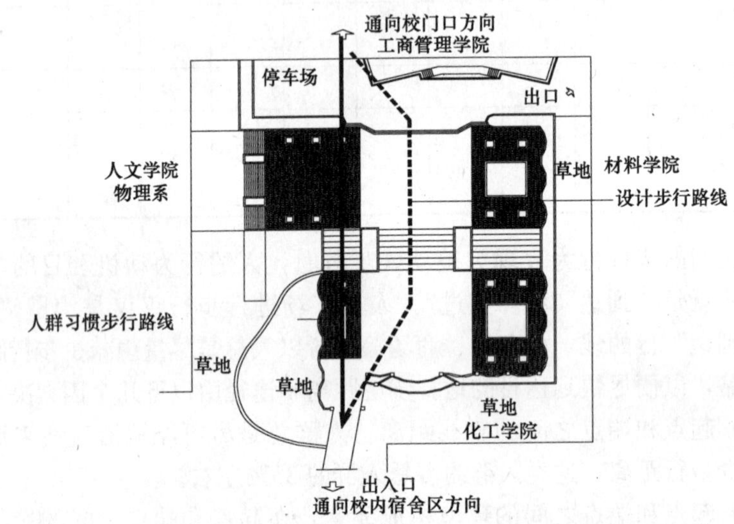

图 6-1-5　华南理工大学文化广场人群步行路线分析

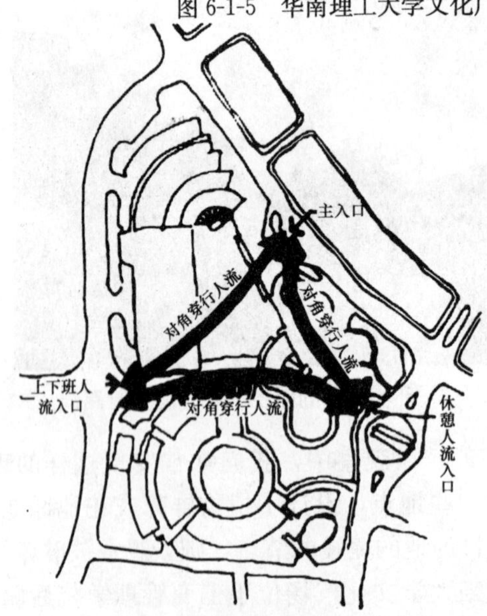

图 6-1-6　东莞西城文化广场人群步行路线分析休憩人流入口

总之，在被动性步行行为模式中，人的步行途径有以下三种特性：

（1）抄近路性。在被动步行行为中，人群的步行目的和动机决定了人群的步行途径就是尽可能地抄近路以减少步行距离，尽快到达目的地。研究发现，对广场中人群的被动步行距离，39%的人希望控制在 200m 以内；36%的人希望在 200～300m；11%的人认为 300～400m 为可以接受的距离；只有 14%的人可以忍受 400m 以上的距离。

（2）穿越性。为了减少步行

距离，人们总是尽可能地穿越或逾越可能的障碍。

（3）观赏性。在步行距离增加不是太明显的情况下，人们宁愿选择环境优美些的路径。

被动性步行行为也受外界环境和广场微气候环境的影响，如广场铺地材料和质感、台阶高差、人流密度、阳光直晒等。但是对这种环境的影响，人们很容易形成适应性，对其直接产生重大影响的是广场周围的车站、商场、地铁口等目标物之间的布局关系。

因而在进行广场环境设计时，应详细分析广场周围的可“到达”性目的地之间的关系和人流通过广场的可能路径，由此来确定广场内的各种环境因素的设置，尽可能地给人群的步行提供方便、快捷、舒适、优美的步行途径，而不是人为地设置障碍，造成行为与环境之间的对立。

6.1.3.2　主动式步行模式

广场内大量性的步行行为还是主动性步行行为，因而对主动性步行行为的步行距离和路径的研究也是本文研究的重点。

在珠江三角洲地区的休憩性文化广场内，正常人的主动步行距离有其特有的规律。图 6-1-7 是广场中人群主动步行距离直方图。从图中我们可以得出如下结论：

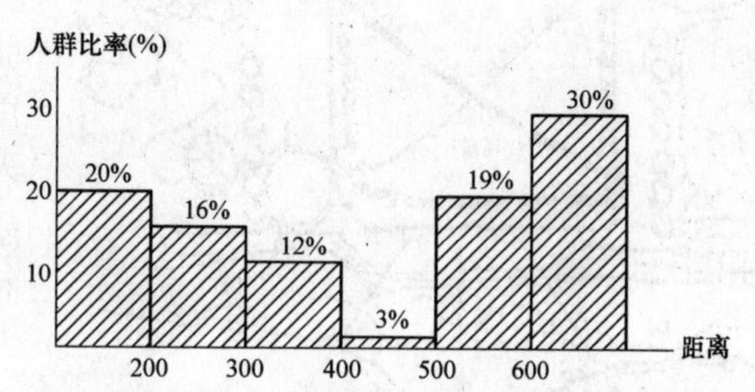

图 6-1-7　广场人群主动步行距离直方图

（1）广场中人群的主动步行距离呈余弦曲线分布布置。约 50％的人群步行距离在 200m 以内或超过 600m；还有 35％的人群步行距离在 200～300m 和 500～600m 范围内；只有 15％的人群步行距离在 300～500m 的范围内，尤其是 400～500m 范围内的人群仅占 3％左右。

由于受体力和心情的制约，人在步行 300m 以内的距离后会开始感到疲劳，这时 36％的人会转为选择别的休憩行为。400～500m 是人群主动性步行距离的疲劳阀值——即当人经过 400～500m 的步行距离后最容易感到疲劳而希望坐憩，所以，这段距离范围内的步行人群比例最少。一旦度过这个疲劳值——即当人们步行距离超过 500m 以后，人的体力反而不再感到疲劳，反而容易得到锻炼身体和成为一种吸氧活动的效果，进入一种亢奋状态，因此这时人群的比例反而增加。

（2）在人群结构中，约 76％的青年人的步行距离在 300m 以内，只有 24％的青年人的步行距离超过 500m；相反，老年人的步行距离超过 500m 的占 60％以上；大部分儿童的步行距离都超过 500m；中年人则比较随机。

扬·盖尔在其著作《交往与空间》中认为："从体力上来说，步行也是有条件的，大多数能够或者乐意行走的距离是很有限的。大量的调查表明，对大多数人而言，在日常情况下步行400～500m的距离是可以接受的。对儿童，老人和残疾人来说，合适的步行距离通常要短得多。"[2]扬·盖尔的这一结论主要是主要根据美国室外公共空间的观察研究结果得出的，这一结论和笔者在珠江三角洲地区文化性休憩广场观察研究的结果不一致。

造成这种不一致的原因，主要是因为：

(1) 广场范围大。很多广场的直径和周边都超过正常尺度。如东莞西城文化广场占地70000多平方米，广场空地面约30000m^2，南北宽230多米，东西长约300m，呈不规则形布置；惠州市民绿化广场的面积更是多达133000m^2，南北进深约200m，东西则达700多米。因而人们从一个环境区域步行到另一个环境区域常常就超过了500m。比如在惠州滨江文化广场中，人们从入口处进入，要到达斜对面的草坪休憩区域，就要穿过一个长达300多米的硬铺地区域，而人们的步行路径往往又不是径直穿过该区域，而是沿着边缘靠江的路径行走，当到达草坪休憩区域时其步行距离早已超过500m（图6-1-8）。

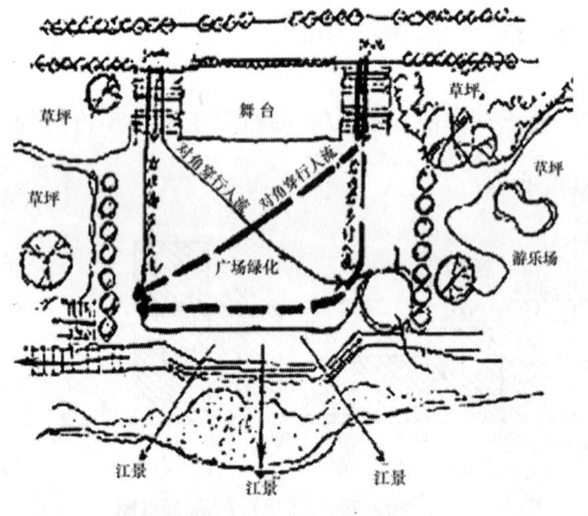

图6-1-8 惠州滨江公园文化广场人群步行路线分析图

(2) 广场内可提供坐憩的座位布置不合理。行人为了找到舒适的、环境视觉优美的座位，往往需要行走超过500m的距离。

(3) 区域分布尺度太大。比如大多数广场内草坪尺度较大，致使人们跨越一片草坪到达另外一个休憩区域时，常要步行很长一段距离。

研究步行距离还必须和步行途径结合，因为二者相互关联又相互制约。

在公共空间中，人的步行行为通常呈现以下几种特性[3]。

(1) 曲径性——人群总是愿意选择蜿蜒或富于变化的曲线形步行路径，使步行变得更加有趣，同时还能产生一种心理作用，使步行距离似乎变短。

(2) 趋向性——人群的步行最乐于趋向人群集中处，或发生有趣事件的地方。

(3) 边缘性——人们在穿过大空间，如横穿开阔的空地或走进空间的中心时一般都不大自在，因此往往宁可沿空间的边缘行走以求获得一种心理上的安全感，同时又可以体验大空间的尺度，观察其中的景致。

(4) 平面性——在可能的条件下，人们的步行总是乐意在同一水平面上进行，而尽可能避免高差，因为高差的变化常常给步行者带来更大的体力消耗，并打乱了步行的韵律。人们宁愿选择不太长的迂回或冒更大的风险而不愿爬上爬下，这种影响还表现在视线和心理压力上。

作为城市公共空间的文化性休憩广场，主动性步行行为自然也具备上述特性。笔者认为在此基础上还必须特别考虑“感觉距离”这一要素。

感觉距离就是一段实际距离在大脑中的距离反应，可用如下公式表示。

$$y=\frac{a}{x}\times b$$

式中　y——感觉距离，也就是个人体验到的距离；

x——个人对某一环境熟悉，理解或喜爱的程度；

a——个人特定系数。包括经验，体力状态和心智状态等；

b——实际距离。

也就是说，当 b 和 a 为一个常数时，x 就决定了 y 值的大小。人们对广场环境越熟悉，喜爱程度越高，则 x 值越大，y 值就越小，感觉距离就比实际距离小。

好的广场应该是让人们步行的实际距离大于感觉距离，比如人们在步行中所感受到的环境刺激应让步行的主体（人）觉得余韵未尽。当他达到体力疲劳程度时，应当感觉步行距离好像只有400～500m，其实早已超过500m，甚至到达600～700m。

所以，环境品质是步行距离和步行路径最重要的决定因素。

影响步行距离和步行路径还有以下因素：

一、广场内的铺地

广场的铺地包括铺面和铺面材料。铺面的比例、图案、颜色及质感都会形成个性。以铺面材料的质感和色彩来形成一种步行路径的秩序感，对步行行为也会发生很大的影响。

铺面材料往往置于混凝土或沥青之上，有时则置于砂土之上，但底层则以小碎石为基础。珠江三角洲地区文化休憩广场的铺面材料常见有以下几种：

(1) 石材

石材是最古老的建材之一，它提供一个耐久的外表，也不需要太多维护。花岗石即是其中最耐久的材料之一，其色彩丰富，质感好，对环境品质的提高有很大的功效，但造价较高。

(2) 广场砖

这是一种最近20年才广泛使用的人造铺地面材料，它不但具备石材的许多优点，而且还有色彩变化丰富、质感强、便于拼组各种图案、韵律变化大、路面肌理性强、造价低、施工简单、便于维护等优点，因此是珠江三角洲地区使用较广泛的铺地材料，也是人们比较乐意在其上步行的路面材料。

（3）混凝土砖

混凝土砖有许多种形式、尺寸及质感。混凝土砖可放置在砂土上，底下铺以碎石。有些混凝土砖做成空格状与植草结合起来——俗称植草砖，常用作临时停车场的铺面。这种铺面材料提供了一个耐久的外表，不需要太多的维护，但其色彩比较单调，质感较粗糙，所以较少被采用。其实如果运用得当的话，尤其结合植被，也可产生很吸引人的效果。

（4）沥青

常常被用于固定铺面。虽然沥青没有像混凝土和其他材料一样多的质感，却能产生较软的表面，而且随着现代彩色沥青的出现，色彩也趋于比较丰富。但是由于沥青的色彩普遍比较深，所以当日照强烈时，地表辐射比较强，对步行的影响比较大，对广场空间的微气候造成较大的伤害，影响步行环境质量。所以这种材料比较适合作为林荫道等没有日晒或日晒比较弱的地方的步行路面。

（5）碎石路面（包括鹅卵石路面）

这种路面肌理性特别强，可以铺砌出很多花纹和图案，而且脚感比较舒适，和水面相结合尤其受欢迎。

（6）现浇混凝土路面

（7）土砂地

图 6-1-9 是人群步行选择路面的比例图，从中可知各种路面的受欢迎程度。

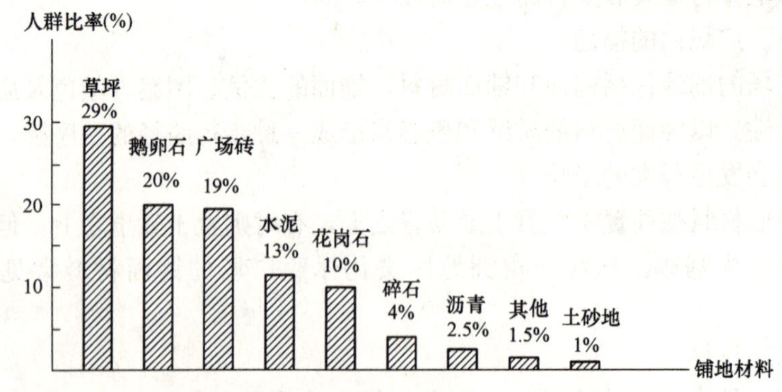

图 6-1-9　广场人群步行选择铺地统计图

二、广场的微气候

微气候是指广场上的局部气候变化。影响步行微气候因素影有太阳辐射、气温、气流、湿度、雨量及噪声等。

（1）太阳辐射

珠江三角洲地处亚热带，四季太阳辐射时间长，强度大。太阳辐射容易被广场的铺面、建筑物、植物及其他物质所吸收，并使这些受体加热，产生反射辐射线并以一种长波方式传递。控制太阳辐射线通常依靠反射及阻碍或遮挡阳光来实现。

植物可利用来控制辐射热，因为它们可以阻截或遮挡阳光。在有遮阴的树下，气温凉快得多，因此，树荫相当于提供了一种自然的空气调节系统。这个系统以太阳之光能为动力，吸收二氧化碳、热及水并以水蒸气的方式散发出清凉的空气。成熟的树林能每日散发约100加仑（450L）的水，提供凉快之效果相当于100B.T.U冷气机每天工作20小时。同时，在树荫下有较舒适的感觉还因为能减少强烈耀眼的眩光。美国印第安纳大学科学家们发现在气温84℉之下一个硬质（混凝土）街道表面温度为108℉，但在有行道树的街道，表面温度下降了20℉，街道表面温度仅为88℉。在珠江三角洲地区广场内观察发现，有行道树浓阴的步行路径总是步行人数最多，步行频率最高的路径，而且64%的人群认为太阳辐射是影响步行微气候的最重要因素。

（2）风：风有助于温度之控制。和缓风速能够产生令人愉悦的效果，但风速增加过大时（比如台风）也能令人不舒服或造成灾害。在三角洲地区环境污染严重的城镇，风还有利于空气的流动和污染稀释。一般而言，比较通风的步行路径是比较受欢迎的步行路径。

（3）噪声：不需要之声音被称为噪声。三角洲地区交通比较发达，而且广场四周常常是交通要道，噪声问题尤其突出。一般人交谈的声音为60dB左右，人们能忍受的声压级一般在120dB以下；当声压级在120dB左右时，人耳就会感到不适；130dB左右的声音会引起人耳发痒或产生痛觉；150dB左右的声音可能破坏人耳的鼓膜等听觉机构，引起永久性的损坏。经测量，广场内噪声超过110dB时，步行人数就大大减少，80～95dB的声压级为步行比较可接受的声级。所以在广场设计时一定要根据周围声源合理配置植被和其他隔声物来安排步行路径。调查发现，32%的人群认为噪声是影响步行微气候的最重要因素。

图6-1-10 空荡荡的坡道

其余的因素还有气温、湿度和空气污染等。

三、台阶与坡道

观察发现，步行人群中乐意走台阶者约占69%，大约只有31%的人愿意选择坡道。行走坡道对正常人意味着要步行更长的路，但也体现了对残疾人的周到关照（图6-1-10）。

通过调查及研究发现，14级台阶是一个临界值，当台阶超过14级时，愿意通过台阶步行的人将大大减少。

四、灯光照明

夜间照明能延长人们在广场内的活动时间（包括步行行为），增加了安全感，同时可借以强调园景、喷泉、雕塑、建筑、图案及其他特色来增加广场环境的生动感和乐趣，从而吸引更多的步行者，延长其步行距离。

6.2 坐憩行为模式

6.2.1 坐憩品质

人在休憩广场的最主要休憩方式之一就是坐憩，“评定特定区域公共环境质量时，必须把否为人们小座提供更多、更好的条件作为最重要的因素来考虑”[4]。

威廉·怀特（willam H. Whyte）在对美国纽约的广场研究中，试图找出最受欢迎的广场的决定因素，得出结论是：灯光、广场的美观、广场的形状和广场的面积、广场的位置等都只是非决定性因素，“最受欢迎的广场倾向于拥有更多的坐憩空间”，“坐憩空间肯定是一个先决条件”，“广场即使拥有最吸引人的喷泉，最迷人的设计，如果没有坐憩的空间，也不会吸引人们前来休憩”[5]。

那么，决定珠江三角洲休憩广场的品质的最重要因素是什么呢？笔者研究发现：珠江三角洲休憩广场品质的好坏，最重要的决定因素也是“坐憩品质”（quality of seat）。它有两个方面的含义：

第一个含义是指物理意义上的坐憩空间，如可供坐憩的椅子、长凳、水泥突出物等，这些空间元素可以加以量化，如多长的椅子、多少个可供坐憩的座位等。

另一个含义是指可坐性——即物理意义上的可坐憩空间所能提供给人们乐意去坐憩（心理接受度）的指数。比如有些广场提供了很多坐位和可坐憩的空间，可实际在那里坐憩的人群并不多，原因就是它所提供的坐憩空间的可坐性很差，人们的心理接受度不高。

可坐性由以下几个要素决定：

（1）座位的物理舒适度：人们常常会问，1m长的水泥突出物的坐位和等长的有靠背的舒适木长椅是等价的吗？观察发现，人们对二者进行选择的时候，更愿意选择有靠背的舒适的木长椅就座，所以有靠背、有温暖的质感、好的材质、外形美好、符合人的生理要求的座位肯定具有物理上的舒适度，成为人们就坐时的首选（图 6-2-1）。

图 6-2-1　木质座椅比石座椅更受欢迎

（2）为社交需要的自由选择度：坐憩的人群，决不是没有思想、没有感受地被动的呆坐，而是伴随着某些社交上的行为，比如交谈、观看等。当座位能提供较好的社交需要的自由选择度，就意味着兼具社交上的舒适、自由、方便和多样化。人们可以自由地选择坐在前方、后面或旁边；选择沐浴在阳光中，或在树荫里；是成群结队就座或一人独座（图 6-2-2）。

图 6-2-2　有利社交的座椅可坐性

（3）环境融入度：当人们选择座位坐下时，总是会尽可能地领略到这一地点所具有的种种优越条件，如特殊的地势、空间、气候、景观等各个方面。朝向和视野对于座位的选择也起重要的作用，尤其是当座椅和周围环境协调一致，融入性非常强，成为广场的固有元素时，人们就乐意选择其就坐，其可座性也就较好。“凡不考虑景观和气候的户外设置座位，几乎可以肯定，毫无用途”[6]。

（4）方便到达：最方便到达的座位总是就坐的人数最多的座位。如何证实广场的坐憩品质就是广场品质好坏最重要的决定因素呢？首先，在第四章第四节里，我们通过对珠江三角洲五个休憩广场所做的数理统计调查与数据分析业已证实，影响环境质量的主要因子包括配套因子、景观因子和交通因子。配套因子中最主要的元素是休憩座位，其他元素如建筑小品、草坪、灯光以及标志、大型乔木等只是可坐性的重要因素，是为休憩座位服务的，所以“影响环境质量的三个因子是配套因子、景观因子和交通因子”这一结论和“坐憩品质决定广场品质”本质上是一致的。

其次，为了检验这一结论的正确性，笔者还对上述五个广场作进一步的数据调查和分析。这次调查分析是按照高峰时刻广场坐憩人数占广场总人数的比例来对广场进行排序，结果如图 6-2-3。

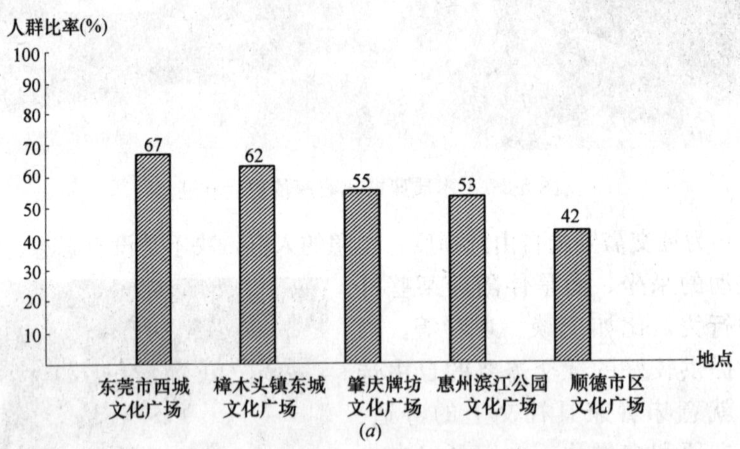

(*a*)

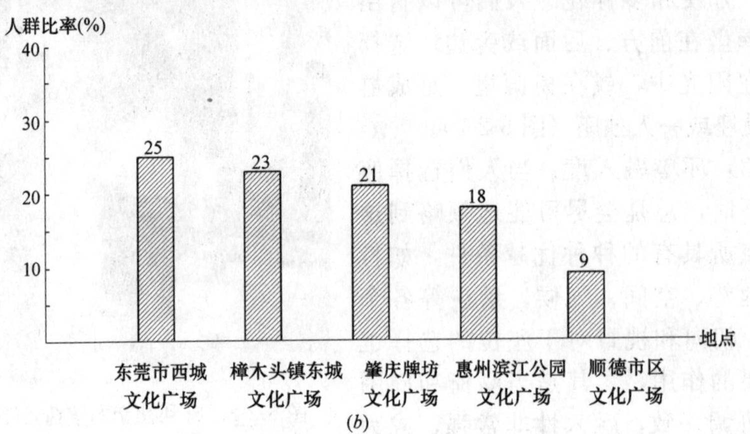

(*b*)

图 6-2-3 高峰期各广场坐憩人数占总人数比率

(*a*) 15：30～16：00；(*b*) 18：30～19：30

从图 6-2-3 中明显可以看出东莞市西城区文化广场的坐憩的人数比率无论是在 15：30～16：00 时间段还是在 18：30～19：00 时间段的高峰期内，在五个广场中都是最大的，接下来依次为东莞市樟木头镇东城文化广场、肇庆市牌坊文化广场、惠州市滨江公园文化广场和顺德市区文化广场。在我们的环境评价中，东莞西城广场的环境质量也是最好的，其他广场的排序与此也完全相符。这进一步说明广场内环境质量好坏与广场的坐憩品质及广场就座人数是对应和一致的，证实了我们的结论的合理性。

6.2.2 坐憩人群的结构及特征

广场中坐憩人群的结构具有什么特征？它和广场中人群总数的变化有些什么联系？

图 6-2-4 是东莞市西城区文化广场和惠州市滨江公园文化广场在各个时间段坐憩人群数和广场人群总数对比的直方图。

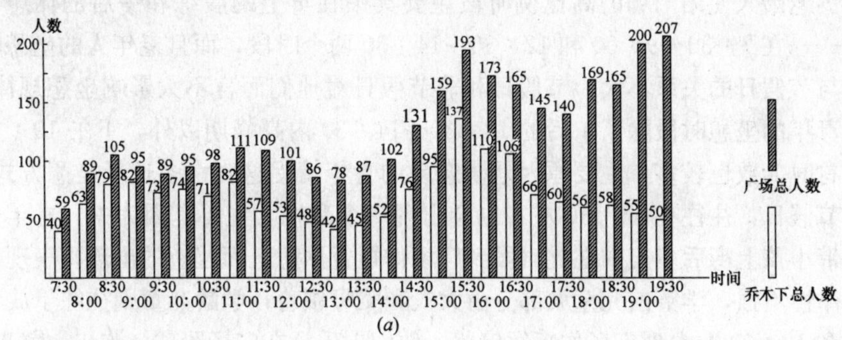

(*a*)

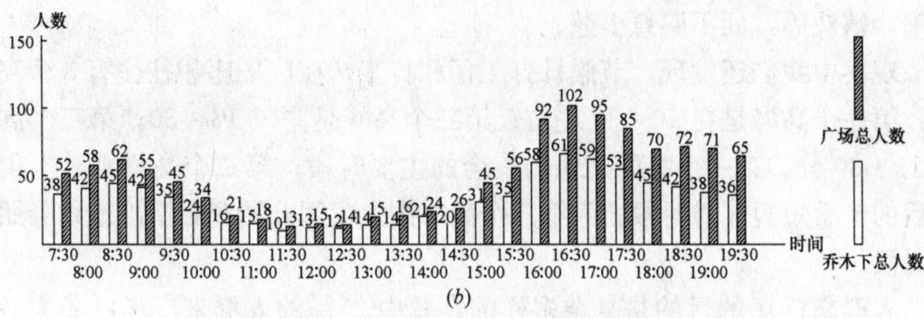

(*b*)

图 6-2-4 惠州滨江公园文化广场坐憩人群结构分析图

(*a*) 东莞西城文化广场；(*b*) 惠州滨江公园文化广场

对比图 6-2-3 和图 6-2-4，我们可以得出如下结论：

(1) 大部分时间内，广场中坐憩的人群数占广场总人数的比率都是比较大的，尤其是上午 10：30～14：30 之间所占比例更大，如惠州市滨江公园文化广场达 80%左右，而东莞市西城区文化广场也在 60%～70%，说明在广场中活动的人群，最多的行为方式还是坐憩行为，这也进一步证实坐憩品质是广场品质最重要的决定因素。

(2) 与广场人群总数曲线波峰、波谷的变化相比，可看出坐憩人数占总人数比率的曲线并不与之同步。也就是说，广场中人群总数达到高峰时并不意味着坐憩人数也同时达到高峰期，比如 15：30～16：30 时间段是人群的高峰期，但此时坐憩的人数比率并不大；在另一个人群高峰期 18：30～19：00，坐憩人群的比率反而变为最小。不过相对而言，和广场人群总数的变化曲线来比，坐憩人数比率的曲线变化是相对比较平稳的，大多数情况下都保持在 50%～80%的范围内，只是在 18：00 以后，开始急剧下降，只占 10%左右。

因为这时广场的微气候环境开始变好——气温开始下降、太阳辐射变弱、有更凉爽的自然风流动等，适合人群散步、步行、停留等，人群的行为方式也就开始慢慢由坐憩方式转化为其他方式。

(3) 统计结果表明：老龄人、中年人、青年人和儿童的坐憩行为都具有明显的时段选择性。

老龄人使用广场的高比例时段主要集中在早上的晨练和午后的休憩时段——在7：30～9：00和12：30～14：30两个时段，而且老年人的坐憩时段与节假日的关系不大，节假日和非节假日对他们而言不太影响坐憩规律。而青年的坐憩时段除了午后的12：30～14：30内高峰期以外，下午19：30左右时人数也较多，主要原因是谈恋爱的青年情侣这时大多选择坐憩方式。在节假日，往往在16：30左右也会出现一个高峰，主要是因为中、青年夫妇带小孩上街后多集中在此时段到广场作短暂休憩。而儿童的出现则表现得规律性不强，学龄前儿童大部分由大人和父母领着；学龄儿童则往往于放学后在12：00左右到广场作短暂停留，他们更乐意在广场踢球、跑步、散步、打闹，嬉戏等，而不愿意坐憩。

观察中我们还发现，节假日打工仔和打工妹在广场座憩往往有3个高峰期：第一个高峰是在10：30左右；第二个高峰是中午13：30；第三个高峰是19：30分。第一个高峰是他们集会的主要时段；第二个高峰则是上街购物后的午后短暂休憩时段；而第三个高峰则是夜间开始观看演出或约会朋友的时段。

人群来广场的目的是复杂多样的，其中25%的人群来广场已成为一种习惯性的活动，没有特殊的动机和目的；20%的人群是为了找熟人、朋友聊天；14%的人群想到广场静坐、想心事、打发时间；12%的人则是为了到广场找人下棋、喝茶、娱乐；还有13%的人则仅仅是喜欢广场的热闹气氛，到广场来凑热闹；另有16%的人是路过广场而做短暂的停留休息。通常情况下，大约一半的人到广场后是先散散步，锻炼锻炼身体，再找座位坐下来；还有40%左右的人则视心情、天气与座位情况而定，或先散散步，锻炼锻炼身体，再找座位坐下来；或直接找位置坐下来；只有10%的人是一到广场就找位置坐下来。人群在广场内滞留时间参数为平均半小时左右，占人群的40%；滞留45～60分钟的占15%；1～2小时的约30%，超过2小时或不到半小时的人群都很少。相对而言，年轻人滞留的时间平均较短，在半小时至1小时之间；老年人滞留时间则较长，约为1个半小时左右。

6.2.3 坐憩人群行为特征

要研究广场中人的坐憩行为模式，首先应对座位进行必要的分类。

按座位的性质，可以把座位分成两种基本类型，即基本座位和辅助座位。

基本座位是专门为人们的坐憩提供的座位，主要包括凳子和椅子。凳子和椅子又包括固定的长凳、固定的长椅和活动的凳子、活动的椅子等。在对座位的需求大增的情况下，除了基本座位以外，还需要设置许多辅助座位。辅助座位是指在广场内原本担任其他功能，在必要的时候又可供人群坐憩的构成元素，如台阶、基础、梯级、矮墙、水池、花池侧沿和踏步栏杆等。

按座位的形式，可以把座位分为两种基本形式，即固定座位和活动座位。

固定座位包括固定长条形座位和固定散座。其中固定长条形座位又包括有靠背的固定长条形椅子、无靠背的固定长条形凸出物（如矮墙）以及水池或花池侧沿和台阶等；固定散座则包括固定棋牌桌边的散座和其他区域的固定散座等等。活动座位则主要包括临时增加的广场内小吃部或其他人群活动比较密集处的座位，包括活动椅子和活动凳子等等。

通过对表 6-2-1 问卷调查及的分析研究和现场观察发现，广场中使用最频繁、最受欢迎的是活动椅子（凳子），其余依次为固定式长条椅、无靠背凸起物形长条座位、水池（或花池）边缘与台阶。

图 6-2-5　大型乔木下的活动座椅很受欢迎

位于大树下的活动椅子（凳子）是最受欢迎的（图 6-2-5），说明大树下的活动椅子（凳子）的可坐性最好；而有靠背的固定式长条椅子往往有较好的景观，而且舒适的木质靠背和扶手使其可坐性良好；而无靠背凸起物形长条凳则往往成组布置，方便人群的交往，故也有比较好的可坐性；相比而言，水池（花池）边沿和台阶则可坐性比较差，受欢迎程度也较差。

日座位人的行为活动调查统计表（　广场）　　表 6-2-1（a）

年　月　日　　温度　　气候

A类：固定座位

整体固定长条形座位A—1	aa.气候条件优越（大树下，噪声小等）	数量	7:30(上) 14:30(下)	8:30(上) 15:30(下)	9:30(上) 16:30(下)	10:30(上) 17:30(下)	11:30(上) 18:30(下)	12:30(上) 19:30(下)	13:30(上) 20:30(下)
			Ⅰ Ⅱ Ⅲ Ⅳ Ⅴ Ⅵ Ⅶ	Ⅰ Ⅱ Ⅲ Ⅳ Ⅴ Ⅵ Ⅶ	Ⅰ Ⅱ Ⅲ Ⅳ Ⅴ Ⅵ Ⅶ	Ⅰ Ⅱ Ⅲ Ⅳ Ⅴ Ⅵ Ⅶ	Ⅰ Ⅱ Ⅲ Ⅳ Ⅴ Ⅵ Ⅶ	Ⅰ Ⅱ Ⅲ Ⅳ Ⅴ Ⅵ Ⅶ	Ⅰ Ⅱ Ⅲ Ⅳ Ⅴ Ⅵ Ⅶ
		M							
			观察说明：						

续表

<table>
<tr><td rowspan="20">整体固定长条形座位A—1</td><td rowspan="5">ab. 空间条件好（柔性边界，空间明确）</td><td rowspan="2">数量</td><td>7：30（上）
14：30（下）</td><td>8：30(上)
15：30(下)</td><td>9：30(上)
16：30(下)</td><td>10：30(上)
17：30(下)</td><td>11：30(上)
18;30(下)</td><td>12：30(上)
19：30(下)</td><td>13：30(上)
20：30(下)</td></tr>
<tr><td>Ⅰ Ⅱ Ⅲ Ⅳ
Ⅴ Ⅵ Ⅶ</td><td>Ⅰ Ⅱ Ⅲ Ⅳ
Ⅴ Ⅵ Ⅶ</td><td>Ⅰ Ⅱ Ⅲ Ⅳ
Ⅴ Ⅵ Ⅶ</td><td>Ⅰ Ⅱ Ⅲ Ⅳ
Ⅴ Ⅵ Ⅶ</td><td>Ⅰ Ⅱ Ⅲ Ⅳ
Ⅴ Ⅵ Ⅶ</td><td>Ⅰ Ⅱ Ⅲ Ⅳ
Ⅴ Ⅵ Ⅶ</td><td>Ⅰ Ⅱ Ⅲ Ⅳ
Ⅴ Ⅵ Ⅶ</td></tr>
<tr><td rowspan="3">M</td><td></td><td></td><td></td><td></td><td></td><td></td><td></td></tr>
<tr><td></td><td></td><td></td><td></td><td></td><td></td><td></td></tr>
<tr><td colspan="7">观察说明：</td></tr>
<tr><td rowspan="5">ac. 景观条件好（良好的视线）</td><td rowspan="2">数量</td><td>7：30（上）
14：30（下）</td><td>8：30(上)
15：30(下)</td><td>9：30(上)
16：30(下)</td><td>10：30(上)
17：30(下)</td><td>11：30(上)
18：30(下)</td><td>12：30(上)
19：30(下)</td><td>13：30(上)
20：30(下)</td></tr>
<tr><td>ⅠⅡⅢⅣ
Ⅴ Ⅵ Ⅶ</td><td>ⅠⅡⅢⅣ
Ⅴ Ⅵ Ⅶ</td><td>ⅠⅡⅢⅣ
Ⅴ Ⅵ Ⅶ</td><td>ⅠⅡⅢⅣ
Ⅴ Ⅵ Ⅶ</td><td>ⅠⅡⅢⅣ
Ⅴ Ⅵ Ⅶ</td><td>ⅠⅡⅢⅣ
Ⅴ Ⅵ Ⅶ</td><td>ⅠⅡⅢⅣ
Ⅴ Ⅵ Ⅶ</td></tr>
<tr><td rowspan="3">M</td><td></td><td></td><td></td><td></td><td></td><td></td><td></td></tr>
<tr><td></td><td></td><td></td><td></td><td></td><td></td><td></td></tr>
<tr><td colspan="7">人员间距观察说明：</td></tr>
<tr><td rowspan="5">ad. 具备以上三点中的两点或以上条件</td><td rowspan="2">数量</td><td>7：30（上）
14：30（下）</td><td>8：30(上)
15：30(下)</td><td>9：30(上)
16：30(下)</td><td>10：30(上)
17：30(下)</td><td>11：30(上)
18：30(下)</td><td>12：30(上)
19：30(下)</td><td>13：30(上)
20：30(下)</td></tr>
<tr><td>ⅠⅡⅢⅣ
Ⅴ Ⅵ Ⅶ</td><td>ⅠⅡⅢⅣ
Ⅴ Ⅵ Ⅶ</td><td>ⅠⅡⅢⅣ
Ⅴ Ⅵ Ⅶ</td><td>ⅠⅡⅢⅣ
Ⅴ Ⅵ Ⅶ</td><td>ⅠⅡⅢⅣ
Ⅴ Ⅵ Ⅶ</td><td>ⅠⅡⅢⅣ
Ⅴ Ⅵ Ⅶ</td><td>ⅠⅡⅢⅣ
Ⅴ Ⅵ Ⅶ</td></tr>
<tr><td rowspan="3">M</td><td></td><td></td><td></td><td></td><td></td><td></td><td></td></tr>
<tr><td></td><td></td><td></td><td></td><td></td><td></td><td></td></tr>
<tr><td colspan="7">观察说明：</td></tr>
<tr><td rowspan="5">ae. 不具备三点中的任何一点</td><td rowspan="2">数量</td><td>7：30（上）
14：30（下）</td><td>8：30(上)
15：30(下)</td><td>9：30(上)
16：30(下)</td><td>10：30(上)
17：30(下)</td><td>11：30(上)
18：30(下)</td><td>12：30(上)
19：30(下)</td><td>13：30(上)
20：30(下)</td></tr>
<tr><td>ⅠⅡⅢⅣ
Ⅴ Ⅵ Ⅶ</td><td>ⅠⅡⅢⅣ
Ⅴ Ⅵ Ⅶ</td><td>ⅠⅡⅢⅣ
Ⅴ Ⅵ Ⅶ</td><td>ⅠⅡⅢⅣ
Ⅴ Ⅵ Ⅶ</td><td>ⅠⅡⅢⅣ
Ⅴ Ⅵ Ⅶ</td><td>ⅠⅡⅢⅣ
Ⅴ Ⅵ Ⅶ</td><td>ⅠⅡⅢⅣ
Ⅴ Ⅵ Ⅶ</td></tr>
<tr><td rowspan="3">M</td><td></td><td></td><td></td><td></td><td></td><td></td><td></td></tr>
<tr><td></td><td></td><td></td><td></td><td></td><td></td><td></td></tr>
<tr><td colspan="7">观察说明：</td></tr>
<tr><td rowspan="5">整体固定散座位A—2</td><td rowspan="5">af. 气候条件优越（大树下，噪声小等）</td><td rowspan="2">数量</td><td>7：30（上）
14：30（下）</td><td>8：30(上)
15：30(下)</td><td>9：30(上)
16：30(下)</td><td>10：30(上)
17：30(下)</td><td>11：30(上)
18：30(下)</td><td>12：30(上)
19：30(下)</td><td>13：30(上)
20;30(下)</td></tr>
<tr><td>Ⅰ Ⅱ Ⅲ Ⅳ
Ⅴ Ⅵ Ⅶ</td><td>Ⅰ Ⅱ Ⅲ Ⅳ
Ⅴ Ⅵ Ⅶ</td><td>Ⅰ Ⅱ Ⅲ Ⅳ
Ⅴ Ⅵ Ⅶ</td><td>Ⅰ Ⅱ Ⅲ Ⅳ
Ⅴ Ⅵ Ⅶ</td><td>Ⅰ Ⅱ Ⅲ Ⅳ
Ⅴ Ⅵ Ⅶ</td><td>Ⅰ Ⅱ Ⅲ Ⅳ
Ⅴ Ⅵ Ⅶ</td><td>Ⅰ Ⅱ Ⅲ Ⅳ
Ⅴ Ⅵ Ⅶ</td></tr>
<tr><td rowspan="3">M</td><td></td><td></td><td></td><td></td><td></td><td></td><td></td></tr>
<tr><td></td><td></td><td></td><td></td><td></td><td></td><td></td></tr>
<tr><td colspan="7">观察说明：</td></tr>
</table>

续表

整体固定长条形座位A—2	ag. 空间条件好(柔性边界,空间明确)	数量	7:30(上) 14:30(下)	8:30(上) 15:30(下)	9:30(上) 16:30(下)	10:30(上) 17:30(下)	11:30(上) 18:30(下)	12:30(上) 19:30(下)	13:30(上) 20:30(下)
			ⅠⅡⅢⅣ ⅤⅥⅦ	ⅠⅡⅢⅣ ⅤⅥⅦ	ⅠⅡⅢⅣ ⅤⅥⅦ	ⅠⅡⅢⅣ ⅤⅥⅦ	ⅠⅡⅢⅣ ⅤⅥⅦ	ⅠⅡⅢⅣ ⅤⅥⅦ	ⅠⅡⅢⅣ ⅤⅥⅦ
		M							
		观察说明:							
	ah. 景观条件好(良好的视线)	数量	7:30(上) 14:30(下)	8:30(上) 15:30(下)	9:30(上) 16:30(下)	10:30(上) 17:30(下)	11:30(上) 18:30(下)	12:30(上) 19:30(下)	13:30(上) 20:30(下)
			ⅠⅡⅢⅣ ⅤⅥⅦ	ⅠⅡⅢⅣ ⅤⅥⅦ	ⅠⅡⅢⅣ ⅤⅥⅦ	ⅠⅡⅢⅣ ⅤⅥⅦ	ⅠⅡⅢⅣ ⅤⅥⅦ	ⅠⅡⅢⅣ ⅤⅥⅦ	ⅠⅡⅢⅣ ⅤⅥⅦ
		M							
		观察说明:							
	ai. 具备以上三点中的两点或以上条件	数量	7:30(上) 14:30(下)	8:30(上) 15:30(下)	9:30(上) 16:30(下)	10:30(上) 17:30(下)	11:30(上) 18:30(下)	12:30(上) 19:30(下)	13:30(上) 20:30(下)
			Ⅰ Ⅱ Ⅲ Ⅳ Ⅴ Ⅵ Ⅶ	Ⅰ Ⅱ Ⅲ Ⅳ Ⅴ Ⅵ Ⅶ	Ⅰ Ⅱ Ⅲ Ⅳ Ⅴ Ⅵ Ⅶ	Ⅰ Ⅱ Ⅲ Ⅳ Ⅴ Ⅵ Ⅶ	Ⅰ Ⅱ Ⅲ Ⅳ Ⅴ Ⅵ Ⅶ	Ⅰ Ⅱ Ⅲ Ⅳ Ⅴ Ⅵ Ⅶ	Ⅰ Ⅱ Ⅲ Ⅳ Ⅴ Ⅵ Ⅶ
		M							
		观察说明:							
	aj. 不具备三点中的任何一点	数量	7:30(上) 14:30(下)	8:30(上) 15:30(下)	9:30(上) 16:30(下)	10:30(上) 17:30(下)	11:30(上) 18:30(下)	12:30(上) 19:30(下)	13:30(上) 20:30(下)
			Ⅰ Ⅱ Ⅲ Ⅳ Ⅴ Ⅵ Ⅶ	Ⅰ Ⅱ Ⅲ Ⅳ Ⅴ Ⅵ Ⅶ	Ⅰ Ⅱ Ⅲ Ⅳ Ⅴ Ⅵ Ⅶ	Ⅰ Ⅱ Ⅲ Ⅳ Ⅴ Ⅵ Ⅶ	Ⅰ Ⅱ Ⅲ Ⅳ Ⅴ Ⅵ Ⅶ	Ⅰ Ⅱ Ⅲ Ⅳ Ⅴ Ⅵ Ⅶ	Ⅰ Ⅱ Ⅲ Ⅳ Ⅴ Ⅵ Ⅶ
		M							
		观察说明:							
固定长条椅A—3	ak. 气候条件优越(大树下,噪声小等)	数量	7:30(上) 14:30(下)	8:30(上) 15:30(下)	9:30(上) 16:30(下)	10:30(上) 17:30(下)	11:30(上) 18:30(下)	12:30(上) 19:30(下)	13:30(上) 20:30(下)
			ⅠⅡⅢⅣ ⅤⅥⅦ	ⅠⅡⅢⅣ ⅤⅥⅦ	ⅠⅡⅢⅣ ⅤⅥⅦ	ⅠⅡⅢⅣ ⅤⅥⅦ	ⅠⅡⅢⅣ ⅤⅥⅦ	ⅠⅡⅢⅣ ⅤⅥⅦ	ⅠⅡⅢⅣ ⅤⅥⅦ
		M							
		观察说明:							

续表

固定长条椅A—3	al. 空间条件好（柔性边界，空间明确）	数量	7：30（上） 14：30（下）	8：30（上） 15：30（下）	9：30（上） 16：30（下）	10：30（上） 17：30（下）	11：30（上） 18：30（下）	12：30（上） 19：30（下）	13：30（上） 20：30（下）
			Ⅰ Ⅱ Ⅲ Ⅳ Ⅴ Ⅵ Ⅶ	Ⅰ Ⅱ Ⅲ Ⅳ Ⅴ Ⅵ Ⅶ	Ⅰ Ⅱ Ⅲ Ⅳ Ⅴ Ⅵ Ⅶ	Ⅰ Ⅱ Ⅲ Ⅳ Ⅴ Ⅵ Ⅶ	Ⅰ Ⅱ Ⅲ Ⅳ Ⅴ Ⅵ Ⅶ	Ⅰ Ⅱ Ⅲ Ⅳ Ⅴ Ⅵ Ⅶ	Ⅰ Ⅱ Ⅲ Ⅳ Ⅴ Ⅵ Ⅶ
		M							
		观察说明：							
	am. 景观条件好（良好的视线）	数量	7：30（上） 14：30（下）	8：30（上） 15：30（下）	9：30（上） 16：30（下）	10：30（上） 17：30（下）	11：30（上） 18：30（下）	12：30（上） 19：30（下）	13：30（上） 20：30（下）
			Ⅰ Ⅱ Ⅲ Ⅳ Ⅴ Ⅵ Ⅶ	Ⅰ Ⅱ Ⅲ Ⅳ Ⅴ Ⅵ Ⅶ	Ⅰ Ⅱ Ⅲ Ⅳ Ⅴ Ⅵ Ⅶ	Ⅰ Ⅱ Ⅲ Ⅳ Ⅴ Ⅵ Ⅶ	Ⅰ Ⅱ Ⅲ Ⅳ Ⅴ Ⅵ Ⅶ	Ⅰ Ⅱ Ⅲ Ⅳ Ⅴ Ⅵ Ⅶ	Ⅰ Ⅱ Ⅲ Ⅳ Ⅴ Ⅵ Ⅶ
		M							
		观察说明：							
	an. 具备以上三点中的两点或以上条件	数量	7：30（上） 14：30（下）	8：30（上） 15：30（下）	9：30（上） 16：30（下）	10：30（上） 17：30（下）	11：30（上） 18：30（下）	12：30（上） 19：30（下）	13：30（上） 20：30（下）
			Ⅰ Ⅱ Ⅲ Ⅳ Ⅴ Ⅵ Ⅶ	Ⅰ Ⅱ Ⅲ Ⅳ Ⅴ Ⅵ Ⅶ	Ⅰ Ⅱ Ⅲ Ⅳ Ⅴ Ⅵ Ⅶ	Ⅰ Ⅱ Ⅲ Ⅳ Ⅴ Ⅵ Ⅶ	Ⅰ Ⅱ Ⅲ Ⅳ Ⅴ Ⅵ Ⅶ	Ⅰ Ⅱ Ⅲ Ⅳ Ⅴ Ⅵ Ⅶ	Ⅰ Ⅱ Ⅲ Ⅳ Ⅴ Ⅵ Ⅶ
		M							
		观察说明：							
	ao. 不具备三点中的任何一点	数量	7：30（上） 14：30（下）	8：30（上） 15：30（下）	9：30（上） 16：30（下）	10：30（上） 17：30（下）	11：30（上） 18：30（下）	12：30（上） 19：30（下）	13：30（上） 20：30（下）
			Ⅰ Ⅱ Ⅲ Ⅳ Ⅴ Ⅵ Ⅶ	Ⅰ Ⅱ Ⅲ Ⅳ Ⅴ Ⅵ Ⅶ	Ⅰ Ⅱ Ⅲ Ⅳ Ⅴ Ⅵ Ⅶ	Ⅰ Ⅱ Ⅲ Ⅳ Ⅴ Ⅵ Ⅶ	Ⅰ Ⅱ Ⅲ Ⅳ Ⅴ Ⅵ Ⅶ	Ⅰ Ⅱ Ⅲ Ⅳ Ⅴ Ⅵ Ⅶ	Ⅰ Ⅱ Ⅲ Ⅳ Ⅴ Ⅵ Ⅶ
		M							
		观察说明：							

说明：Ⅰ，老年男子；Ⅱ，老年女子；Ⅲ，中年男子；Ⅳ，中年女子；Ⅴ，青年男子；Ⅵ，青年女子；Ⅶ，儿童。

日座位人的行为活动调查统计表（ 广场）　　表 6-2-1（b）

年　月　日　　温度　　气候

B类：固定座位

	ba. 气候条件优越（大树下，噪声小等）	数	7：30（上） 14：30（下）	8：30（上） 15：30（下）	9：30（上） 16：30（下）	10：30（上） 17：30（下）	11：30（上） 18：30（下）	12：30（上） 19：30（下）	13：30（上） 20：30（下）
		量	Ⅰ Ⅱ Ⅲ Ⅳ Ⅴ Ⅵ Ⅶ	Ⅰ Ⅱ Ⅲ Ⅳ Ⅴ Ⅵ Ⅶ	Ⅰ Ⅱ Ⅲ Ⅳ Ⅴ Ⅵ Ⅶ	Ⅰ Ⅱ Ⅲ Ⅳ Ⅴ Ⅵ Ⅶ	Ⅰ Ⅱ Ⅲ Ⅳ Ⅴ Ⅵ Ⅶ	Ⅰ Ⅱ Ⅲ Ⅳ Ⅴ Ⅵ Ⅶ	Ⅰ Ⅱ Ⅲ Ⅳ Ⅴ Ⅵ Ⅶ
		M							
			观察说明：						
	bb. 空间条件好（柔性边界，空间明确）	数	7：30（上） 14：30（下）	8：30（上） 15：30（下）	9：30（上） 16：30（下）	10：30（上） 17：30（下）	11：30（上） 18：30（下）	12：30（上） 19：30（下）	13：30（上） 20：30（下）
		量	Ⅰ Ⅱ Ⅲ Ⅳ Ⅴ Ⅵ Ⅶ	Ⅰ Ⅱ Ⅲ Ⅳ Ⅴ Ⅵ Ⅶ	Ⅰ Ⅱ Ⅲ Ⅳ Ⅴ Ⅵ Ⅶ	Ⅰ Ⅱ Ⅲ Ⅳ Ⅴ Ⅵ Ⅶ	Ⅰ Ⅱ Ⅲ Ⅳ Ⅴ Ⅵ Ⅶ	Ⅰ Ⅱ Ⅲ Ⅳ Ⅴ Ⅵ Ⅶ	Ⅰ Ⅱ Ⅲ Ⅳ Ⅴ Ⅵ Ⅶ
		M							
			观察说明：						
活动座位A—1	bc. 景观条件好（良好的视线）	数	7：30（上） 14：30（下）	8：30（上） 15：30（下）	9：30（上） 16：30（下）	10：30（上） 17：30（下）	11：30（上） 18：30（下）	12：30（上） 19：30（下）	13：30（上） 20：30（下）
		量	Ⅰ Ⅱ Ⅲ Ⅳ Ⅴ Ⅵ Ⅶ	Ⅰ Ⅱ Ⅲ Ⅳ Ⅴ Ⅵ Ⅶ	Ⅰ Ⅱ Ⅲ Ⅳ Ⅴ Ⅵ Ⅶ	Ⅰ Ⅱ Ⅲ Ⅳ Ⅴ Ⅵ Ⅶ	Ⅰ Ⅱ Ⅲ Ⅳ Ⅴ Ⅵ Ⅶ	Ⅰ Ⅱ Ⅲ Ⅳ Ⅴ Ⅵ Ⅶ	Ⅰ Ⅱ Ⅲ Ⅳ Ⅴ Ⅵ Ⅶ
		M							
			观察说明：						
	bd. 具备以上三点中的两点或以上条件	数	7：30（上） 14：30（下）	8：30（上） 15：30（下）	9：30（上） 16：30（下）	10：30（上） 17：30（下）	11：30（上） 18：30（下）	12：30（上） 19：30（下）	13：30（上） 20：30（下）
		量	ⅠⅡⅢⅣ ⅤⅥⅦ	ⅠⅡⅢⅣ ⅤⅥⅦ	ⅠⅡⅢⅣ ⅤⅥⅦ	ⅠⅡⅢⅣ ⅤⅥⅦ	ⅠⅡⅢⅣ ⅤⅥⅦ	ⅠⅡⅢⅣ ⅤⅥⅦ	ⅠⅡⅢⅣ ⅤⅥⅦ
		M							
			观察说明：						
	be. 不具备三点中的任何一点	数	7：30（上） 14：30（下）	8：30（上） 15：30（下）	9：30（上） 16：30（下）	10：30（上） 17：30（下）	11：30（上） 18：30（下）	12：30（上） 19：30（下）	13：30（上） 20：30（下）
		量	Ⅰ Ⅱ Ⅲ Ⅳ Ⅴ Ⅵ Ⅶ	Ⅰ Ⅱ Ⅲ Ⅳ Ⅴ Ⅵ Ⅶ	Ⅰ Ⅱ Ⅲ Ⅳ Ⅴ Ⅵ Ⅶ	Ⅰ Ⅱ Ⅲ Ⅳ Ⅴ Ⅵ Ⅶ	Ⅰ Ⅱ Ⅲ Ⅳ Ⅴ Ⅵ Ⅶ	Ⅰ Ⅱ Ⅲ Ⅳ Ⅴ Ⅵ Ⅶ	Ⅰ Ⅱ Ⅲ Ⅳ Ⅴ Ⅵ Ⅶ
		M							
			观察说明：						

说明：Ⅰ，老年男子；Ⅱ，老年女子；Ⅲ，中年男子；Ⅳ，中年女子；Ⅴ，青年男子；Ⅵ，青年女子；Ⅶ，儿童。

日座位人的行为活动调查统计表（ 广场） 表 6-2-1（c）

年 月 日 温度 气候

C类：辅助座位

活动座位A—1	ca. 台阶式座位	数量	7：30（上） 14：30（下）	8;30（上） 15：30（下）	9：30（上） 16：30（下）	10：30（上） 17：30（下）	11：30（上） 18：30（下）	12：30（上） 19：30（下）	13：30（上） 20：30（下）
			Ⅰ Ⅱ Ⅲ Ⅳ Ⅴ Ⅵ Ⅶ	Ⅰ Ⅱ Ⅲ Ⅳ Ⅴ Ⅵ Ⅶ	Ⅰ Ⅱ Ⅲ Ⅳ Ⅴ Ⅵ Ⅶ	Ⅰ Ⅱ Ⅲ Ⅳ Ⅴ Ⅵ Ⅶ	Ⅰ Ⅱ Ⅲ Ⅳ Ⅴ Ⅵ Ⅶ	Ⅰ Ⅱ Ⅲ Ⅳ Ⅴ Ⅵ Ⅶ	Ⅰ Ⅱ Ⅲ Ⅳ Ⅴ Ⅵ Ⅶ
		M							
			观察说明：						
	cb. 花坛边（包括草地边沿）座位	数量	7：30（上） 14：30（下）	8：30（上） 15：30（下）	9：30（上） 16：30（下）	10：30（上） 17：30（下）	11：30（上） 18：30（下）	12：30（上） 19：30（下）	13：30（上） 20：30（下）
			Ⅰ Ⅱ Ⅲ Ⅳ Ⅴ Ⅵ Ⅶ	Ⅰ Ⅱ Ⅲ Ⅳ Ⅴ Ⅵ Ⅶ	Ⅰ Ⅱ Ⅲ Ⅳ Ⅴ Ⅵ Ⅶ	Ⅰ Ⅱ Ⅲ Ⅳ Ⅴ Ⅵ Ⅶ	Ⅰ Ⅱ Ⅲ Ⅳ Ⅴ Ⅵ Ⅶ	Ⅰ Ⅱ Ⅲ Ⅳ Ⅴ Ⅵ Ⅶ	Ⅰ Ⅱ Ⅲ Ⅳ Ⅴ Ⅵ Ⅶ
		M							
			观察说明：						
	cc. 水池边沿座位	数量	7：30（上） 14：30（下）	8：30（上） 15：30（下）	9：30（上） 16：30（下）	10：30（上） 17：30（下）	11：30（上） 18：30（下）	12：30（上） 19：30（下）	13：30（上） 20：30（下）
			Ⅰ Ⅱ Ⅲ Ⅳ Ⅴ Ⅵ Ⅶ	Ⅰ Ⅱ Ⅲ Ⅳ Ⅴ Ⅵ Ⅶ	Ⅰ Ⅱ Ⅲ Ⅳ Ⅴ Ⅵ Ⅶ	Ⅰ Ⅱ Ⅲ Ⅳ Ⅴ Ⅵ Ⅶ	Ⅰ Ⅱ Ⅲ Ⅳ Ⅴ Ⅵ Ⅶ	Ⅰ Ⅱ Ⅲ Ⅳ Ⅴ Ⅵ Ⅶ	Ⅰ Ⅱ Ⅲ Ⅳ Ⅴ Ⅵ Ⅶ
		M							
			观察说明：						
	cd. 草坪（主要指可进入就坐的草坪）	数量	7：30（上） 14：30（下）	8：30（上） 15：30（下）	9：30（上） 16：30（下）	10：30（上） 17：30（下）	11：30（上） 18：30（下）	12：30（上） 19：30（下）	13：30（上） 20：30（下）
			Ⅰ Ⅱ Ⅲ Ⅳ Ⅴ Ⅵ Ⅶ	Ⅰ Ⅱ Ⅲ Ⅳ Ⅴ Ⅵ Ⅶ	Ⅰ Ⅱ Ⅲ Ⅳ Ⅴ Ⅵ Ⅶ	Ⅰ Ⅱ Ⅲ Ⅳ Ⅴ Ⅵ Ⅶ	Ⅰ Ⅱ Ⅲ Ⅳ Ⅴ Ⅵ Ⅶ	Ⅰ Ⅱ Ⅲ Ⅳ Ⅴ Ⅵ Ⅶ	Ⅰ Ⅱ Ⅲ Ⅳ Ⅴ Ⅵ Ⅶ
		M							
			观察说明：						
	ce. 其他形式的座位	数量	7：30（上） 14：30（下）	8：30（上） 15：30（下）	9：30（上） 16：30（下）	10：30（上） 17：30（下）	11：30（上） 18：30（下）	12：30（上） 19：30（下）	13：30（上） 20：30（下）
			Ⅰ Ⅱ Ⅲ Ⅳ Ⅴ Ⅵ Ⅶ	Ⅰ Ⅱ Ⅲ Ⅳ Ⅴ Ⅵ Ⅶ	Ⅰ Ⅱ Ⅲ Ⅳ Ⅴ Ⅵ Ⅶ	Ⅰ Ⅱ Ⅲ Ⅳ Ⅴ Ⅵ Ⅶ	Ⅰ Ⅱ Ⅲ Ⅳ Ⅴ Ⅵ Ⅶ	Ⅰ Ⅱ Ⅲ Ⅳ Ⅴ Ⅵ Ⅶ	Ⅰ Ⅱ Ⅲ Ⅳ Ⅴ Ⅵ Ⅶ
		M							
			观察说明：						

说明：Ⅰ，老年男子；Ⅱ，老年女子；Ⅲ，中年男子；Ⅳ，中年女子；Ⅴ，青年男子；Ⅵ，青年女子；Ⅶ，儿童。

活动座位，如活动椅子、凳子等，在广场内为什么具有如此好的可坐性呢？这是因为椅子本身在设计制作时就已较充分考虑了人体的生理特点和尺度，如有扶手和靠背让人坐起来很舒适，而且每把活动椅子通常只坐一个人，使人与人的距离可根据需要自由调节。“活动椅子最大的优点还在于其可移动性，椅子扩大了选择的范围：可以移到日光下，或避开烈日的照射，或者干脆搬走它们，为群体活动腾出空间。”[7]固定长条椅座位，往往在造型和设计上也很合理，有的设计也充分地考虑了人体尺度和生理功能，选择质感好的木材，刷上明亮的油漆，加以艺术性的处理，使之甚至成为广场的点缀物和小景观，但为什么它的可坐性会比活动座位差呢？主要的原因就在于它的固定性，使它的朝向和视野被限制了，而且还造成使用者不便于调节微妙的社交距离。例如情侣座位对情侣来说是合适的，但对于熟识者或陌生人来说就太近了，而独行人倾向于独自占据了整个情侣座位，他们把腿放在另一个座位上，使其他人不能使用。

图 6-2-6　无靠背座椅易被用来睡觉

对无靠背凸起的固定座位则更尴尬（图 6-2-6），因为周边没有扶手，没有靠背，表面看起来似乎可以自由选择朝向和景观，灵活调整人与人之间的距离，其实当人们坐在上面时，往往表现得无从适应，不知所措。例如，当一条长条形凸起的座位上已经坐了一位老人时，你若也想在其身边就座时，就不知道该怎样来确定与他的距离——太近了怕他反感，太远了又怕对他不尊重同样引起反感；同理，是该面向他、侧向他还是背着他，都是不容易做出的选择。

水池（花池）边和台阶也有同样的问题，外加这些座位本身又没有按人体的生理要求设计，而是按照工程美观和工程设施实际需要来设计，所以其可坐性较差也就难免了。实际上，水池（花池）边和台阶被用作座位是屈于“空间异用行为”，因为设计水池（花池）边沿和台阶时并不是把人的座憩行为作为终极目的——台阶的行为目的是为了人的步行需要，而水池（花池）边沿则是为了工程自身的围合和美观需要。“空间异用行为”指的就是使用者没有按设计意图而根据自身一时的需要对环境设施加以利用的行为。

决定座位的可坐性最重要的一个因素就是座位的物理舒适度，座位可坐性的好坏将直接影响就坐人群的数量。对五个样本的调查统计表明，56%的人群认为现有座位的可坐性一般；27%的人群认为现有座位的可坐性比较差；另有5%的人群认为极差；只有9%的人群认为较好；3%的人群认为很好。所以总体说来，珠江三角洲地区现有休憩广场的座位的可坐性还不很令人满意，有待于进一步改进。那么，如何提高物理舒适度即座位的可坐性呢？这需要从三个方面加以考虑。

（1）座位的设计应充分考虑人体工程学

无论是设计座位的深度、靠背的高度、还是扶手的高度等都应充分考虑人体的实际需要。室内座位的尺度不能照搬到广场来套用，而应该适当地加大。

（2）座位的材料和质感

珠江三角洲地处亚热带地区，炎热气候持续时间比较长，所以木质椅子比较受到欢迎，如果做成栅栏式利于通风的款式则受欢迎的程度更高；而不锈钢或金属座位，尽管在春、夏、秋季亦较受欢迎，但冬季时其冰冷的质感将使就座的人数大大减少；玻璃钢座位透气性和透水性都不太好，夏季让人感到不透气、灼热，雨季容易积水；水泥座位显得冷冰、笨重、不够亲切宜人，冬季时其冰冷粗糙的质感也使人不乐意使用，更为严重的是水泥座位易脏且不易打扫，长条形无扶手水泥凳还容易被人作为床榻供作短暂休憩时躺下睡觉之用。一旦这种行为发生时，周围座位的使用率将大大降低。

（3）座位的布置是另一个重要因素。广场内座位布置合理与否将大大影响人群座憩的数量和频率，布置座位时应考虑下面几个因素：

① 领域性

研究发现，几乎所有动物都有一种占有领域的本性。所谓领域（Territory）或领地是指某一动物在一段时间内占有一定活动范围，防止其他同类成异类入侵的区域。

人的行为活动也有领域性。人的领域性是指与领域有关的行为习性，它是指个人或人群为了满足自身某种合理合法的需要，在一段内占有或控制一个特定的空间范围及空间中所有物的要求与实施的行为。领域性实际上是一个人的自我肯定，以及对归属感和自我意识的肯定。

人的领域性是通过社会距离——即个人空间距离来实现的，人群通过这种社会距离的调控来达到自己领域性的行为目的。爱德华・T・霍尔（G・T・Hall 1966）在《隐匿的尺度》一书中提出的4种个人交际空间距离模式。

a. 亲密（Intimate Distance）

父母与子女之间、夫妻之间、恋人之间的相处距离。近程亲密距离在1～15cm；远程亲密距离在15～45cm。前者是耳鬓厮磨的距离，后者是促膝谈心的距离。在这些距离内可相互辨认对方表情的细微变化、嗅觉和对方的辐射热/振动及触觉的感受非常敏锐。双方可有爱抚、拥抱、安慰、保护之类的行为发生，当然这也是格斗、搏击等行为的距离。

b. 个体距离（Personal Distance）

朋友、师生、其他家庭成员之间的距离。近程个体距离在 45～75cm；远程个体距离在 75～120cm。前者是握手言欢的距离；后者是挥手致意的距离。在此距离内，可以相互看清对方的面目，听清对方的话语。个体距离也适合于顾客与售货员、游客与导游等服务性行业的工作距离。当然也是挑衅、威胁与积极防范的距离。

c. 社会距离（Social Distance）

同事之间、上下级之间、邻居之间、熟人之间的日常交往的距离。近程社会距离在 120～210cm，远程社会距离在 210～360cm。前者如中学教研室内老师之间，银行保险公司秘书之间的距离等；后者如正式社交场合人与人之间的距离，中间往往隔着桌子。远程社会距离内二人相对必须大声说话才能听清，同时又不影响别人。

d. 公众距离（Publie Distance）

如演讲、演出、上课、报告以及从事各种公共活动时所需的距离。近程公共距离在 360～750cm，在这一范围内，敏捷的人如果受到威胁可以相机行事，如逃跑或防卫。远程公众距离在 750cm 以上，此时面部的细致表情已难以识别，必须大声说话，采用缓慢语速并配以大幅度的姿势才能使别人明白你的意思。它通常只用于单向交流的集合、演讲或人们只需旁观而无心参与的一些拘谨场合。

座位布置时应根据不同的领域性，灵活地调整座位与座位之间的距离以及座位自身的尺度。比如，在老人活动比较集中和恋人比较集中的区域，座位布置和座位的尺度就不应一样。老人活动比较集中的区域里，由于老人比较偏爱群体活动和社交活动，这里座位与座位之间的距离可以采用个体距离，而且座位之间可以相向，最好是设置活动座位，座位的尺度可以比较多样性，如单人座位，2 人座位甚至 3 人以上的长条形多人座位。但是在恋人集中的区域则应考虑把座位与座位之间的距离保持为社会距离甚至公众距离，而只设置两人座位的座椅类型即可，由于恋人之间的距离通常表现为亲密距离，所以这种座位的长度可比正常的座位短些，更显得亲密和受欢迎。而且因为这种尺度不适合非恋人座憩，所以，非恋人使用他们的频率和几率就很少，这样就为特定的人群规定了适宜的座憩环境。

② 边界效应

环境心理学家在室内公共空间（餐厅，咖啡厅）研究中（图 6-2-7）发

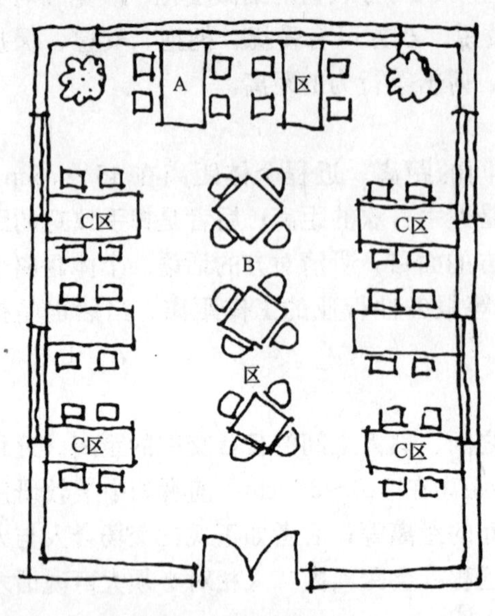

图 6-2-7　边界效应分析

现人群进入这种空间时，总是优先占据 A、C 两区这种靠边（墙）的位置，其次才考虑占据中间 B 的位置，这就是所谓的“边界效应”。

在室外公共空间中，同样存在着这种边界效应。我们对广场的研究发现，靠近矮墙、绿丛林以及铺地边界交汇处的座位总是被人群优先占用，而位于硬铺地，绿化草坪中间四周无依无靠的座位则很少人入座。即使这种座位的舒适度再好、周围环境再好都是如此。我们曾观察深圳龙岗广场一组草坪中的石凳，从早上 7：30 到傍晚 19：30，只有一对夫妻带小孩在此短暂地座憩了 18 分钟。所以，在布置座位时，应充分考虑这种边界效。

③ 可达性和聚集性

在对关于座位的以下五个问题进行选择时（即 a. 最方便看到、容易找到和到达的座位；b. 人群聚集最多处的座位；c. 人群聚集较少、比较安静处的座位；d. 风景好、环境优美处的座位；e. 人群不太多、也不太少的地方的座位），42％的回答者选择 a；32％的选择 b；19％的选择 d；只有 5％的选择 c；没有一个人选择 e。这说明布置座位应优先考虑座位的可达性，可到达座位的方便程度将直接影响座位的使用率。同时，爱热闹是人的天性，到广场休憩的人渴望与其他人群打交道，所以座位的布置应尽可能地以组团形式来布置，以方便人群的聚集。当然，在环境幽静的区域可适当考虑设置少量的散座来满足少部分人群安静独处的需要。此外，还要充分考虑座位的景观。

另一个关键问题是广场究竟需要提供多少座憩空间比较合适。对此有两种计算方法，一种是计算出可坐空间面积占整个广场面积的比例，另一种是计算出可坐憩空间的直线长度。直线尺度比面积尺度在衡量坐憩空间上更为精确和更有启迪性。比如一些坐憩空间的背部有着空阔的面积，但这些背部多出的面积并没有多大的作用，真正起作用的是坐憩面的边缘，因此我们更应该关注的是这些边缘的直线长度。

调查发现，29％的人群认为广场现有的座位远远不够；28％的人群认为不太够；38%的人群认为差不多；只有5%的人群认为多余了。总体说来，现有广场的座位还不够，需要增加一定数量的座憩空间。

我们测量了几个广场的总周长和坐憩位置的长度，试图对此加以比较，发现比较受欢迎的广场一般来说坐憩位置的周长均为广场周长的0.8～1倍。其实这个比例是远远不够的，调查访问时，人们普遍认为再增加30%的可座长度都不为过。但这只是人们的一般印象，是否真是一个合适的比例还需要进一步论证。

按照威廉·怀特对纽约广场的调查时所提出的计算方法：每10平方英尺的广场空间应该提供一英尺直线长度的坐憩空间，即每100m^{2}的广场面积应该提供30m左右直线长度的座位。对文化性休憩广场而言，笔者认为还不够，应该乘以一个系数比较合适，这个系数在10%～20%之间。

当然，在设计一个舒适的坐憩空间时还要考虑其他因素，如人流、阶梯、树木、风的影响和阳光甚至垃圾箱等。一个好的空间应该把这些很好地结合在一起，所有的一切都应该从人的需要出发来进行设计。

6.3 驻足停留行为模式

人群在广场中的基本行为，除了步行和坐憩外，就是驻足停留了。步行行为表现为“动”，坐憩表现为“静”，而驻足停留则是由“静”转为“动”或由“动”转为“静”的过渡行为，更趋向于具有静态行为特征。广场中除坐憩和步行行为以外的行为方式都可以划归驻足停留行为，如放风筝、观看演出等。

驻足停留行为大都是由偶发性的外界刺激和环境事件引起的行为。相比步行和坐憩对物质环境要求而言，它对物质环境的要求更少些。

驻足是一种暂停性的行为表现，停留则表现为在某一时间段的滞留行为。在广场中，驻足是重要的，但关键的研究对象还是停留。

6.3.1 驻足行为

驻足是一种突发性、偶然性的行为模式，突然偶发性的事件使人驻足观望等，如停下来等红灯。这一类非常简单的停留受物质环境的影响不大。

笔者现场观察及对表6-3-1的调查和研究发现在广场驻足行为的目的主要有（1）与熟悉的人或偶遇的人打招呼；（2）由偶发事件引起兴趣的瞬时观望；（3）短暂的聆听等。驻足行为的发生场所可以是广场的任何地点，而且不受物质环境（包括景观、微气候、噪声等）的影响。影响驻足行为发生的惟一因素就是事件，当事件的刺激度达到一定的程度时，就能引发驻足行为。

日人的停留行为活动调查统计表（　　广场）　　表 6-3-1

年　月　日　　温度　气候

	说明	停留目的	停留时间	停留区域	站立位置(有无支撑物等)	与周围环境或人的关系
老年男人	暂停					
	停下与人交流					
	停留一段时间					
老年女人	暂停					
	停下与人交流					
	停留一段时间					
中年男人	暂停					
	停下与人交流					
	停留一段时间					
老年女人	暂停					
	停下与人交流					
	停留一段时间					
青年男人	暂停					
	停下与人交流					
	停留一段时间					
青年女人	暂停					
	停下与人交流					
儿童	暂停					
	停下与人交流					
	停留一段时间					

比如广场内一位职员正在步行，当他遇到上司时，无论在什么样的环境和条件下，他大都会驻足和上司握手打招呼，因为对他来说与上司打招呼寒

暄是一件刺激度足够的可以让他驻足的事件，相反，其上司则未必认为与下属打招呼是一种刺激充分的事件，当他有其他事件（其刺激度更大）急需处理时，他更趋向于不在步行时与其下属打招呼寒暄。当然，当他认为该事件也有足够刺激度须加以足够重视时（比如其下属是他工作中的得力助手，该下属将来前途无量等），他也会由步行行为转为驻足行为。

驻足只是一个过渡性的短暂行为，驻足（暂停）行为发生后，便很快地转化为步行行为、坐憩行为或停留行为。这种转化的几率是由事件本身和环境共同决定的，甚至行为的心境也是一个决定因素，这几种因素的共同作用是很难加以量化分析的。比如广场内两个同事相遇驻足打招呼后，如果心境佳，而且周围正好有一个非常舒适的坐憩环境，他们就有可能发生坐憩行为；但如果心境不佳，可是气候宜人，就有可能步行一段距离聊天，发生步行行为；相反，若其中一人有其他事件亟待处理，他就可能仅与同事停留一小段时间匆匆而别，只发生停留行为。

所以只有具备适当的物质环境和心理环境，以及在适当刺激度的事件条件下，驻足（暂停）行为才会转变为停留行为。

6.3.2 停留行为

停留行为的基本动机有三点：交往、欣赏和娱乐。当然对部分人而言，有时也会停留下来做瞬时的休息，但这并不是动机，而是迫于体力上的不支。动机的表现形式则为交谈、观看、聆听、娱乐。

(1) 交谈

停下来与人交谈在一定程度上属于必要性活动。当熟人见面并在相遇之外寒暄时，就形成一种交谈的态势。从原则上讲，这是一种必要性活动，因为避免与一位熟人打招呼和交谈是不礼貌的（图 6-3-1）。有几个客观物理条件对停留交谈很重要。

图 6-3-1　广场中交谈的人群

① 噪声

噪声对人交谈的影响是不言而喻的，人们对噪声的反应通常都很敏感和强烈。在一种突如其来的强烈噪声作用下，人们可能会跳起来，或是出现身体肌肉紧张等生理反应。即使是事先知道噪声会发生，也会出现血压升高、出汗等反应，令人烦躁不安。同样，噪声也会严重干扰人的交谈欲望。研究发现，当背景噪声超过 60dB 左右时，就几乎不可能进行正常的交谈，人们只能趁噪声有所缓和之际高声交换几句短暂的、事先准备好的话。在这种条件下交谈，人们必须靠得很近，在小到5～15cm的距离内讲话，如果成人要与儿童交流就必须躬身俯近儿童。只有在背景噪声小于50dB时才可能进行正常的交谈。如果人们要听清别人的轻声细语、脚步声、歌声等完整的社会场景要素，噪声水平就须降到45～50dB。

《城市区域环境噪声标准》规定了不同城市区域室外环境噪音的最高限值，见表6-3-2。

城市区域环境噪声标准 dB（A） **表6-3-2**

类别	适用区域	昼间	夜间
1	疗养区、高级宾馆和别墅区都需特别安静的区域	50	40
2	居住、文教机关为主的区域	55	45
3	居住、商业、工业混杂区	60	50
4	工业区	65	55
5	交通干线两侧区域	70	55

作为休憩性广场，按表的规范应该是在60～65dB（昼夜）和50～55dB（夜间），但珠江三角洲地区的许多广场往往与城市干道直接相比邻，所以其噪声标准可适当放宽至70dB（昼间）和55dB（夜间）。

我们通过测试发现，大部分的广场噪声都超过60dB（昼间），尤其是大、中城市和发达的城镇广场，而小城镇广场噪声则在50dB以下。

但是在广场的不同区域，由于远离噪声源（主要是街道的汽车），外加有树木的隔声，噪声可降到50～55dB。

由此可见珠江三角洲地区的广场在靠近城市干道边缘区域是不太适合人们停留交谈的，只有远离噪声源的区域内才适合交谈。观察的结果也与此基本相吻合。

② 微观气候

对广场中人的停留交谈行为影响最大的广场微气候因素，主要是热环境和太阳辐射。

珠江三角洲地处南亚热带地区，地域气候特色明显，高温天气持续时间长，热辐射大，季风旺盛。以广州为例，广州位于北纬23°08′，东经113°19′，在建筑气候区的划分上属炎热建筑气候区，主要是亚热带湿润季风气候（称湿热型气候）。其主要气候特征是：气温高且持续时间长，7月最热，最高气温在35～36℃，平均气温为26～30℃；1月平均气温大于10℃，月平均气温高于25℃的天数每年均达110～190天；相对湿度最热月在80%～90%之间，春夏之交达95%以上；季候风旺盛，多为东南风与南风，风速约在1.5～3.7m/s之间；降水量较大，在1500～2000mm；太阳辐射强度大。

广场内的气候有如下特性：a. 广场气温略高于街道和林荫带气温；b. 广场地表温度（尤其是中心地带地面温度）常高于街道与林荫地的地表温度；c. 广场的相对湿度通常低于街道和林荫地；d. 广场内风速大于街道的林荫地。

因此，广场的高气温和高的地表温度、太阳直射光和地表辐射是直接影响人们在广场内停留交谈的重要因素。我们观察发现广场中心辐射强且直晒太阳的地方很少有人站立交谈，哪怕是春季和冬季人们热衷于晒太阳的天气也不会超过10分钟。停留交谈发生最多的是大树（防太阳直射）的阴影下（辐射弱）且通风良好的地方。

（2）观看

正如A·丁·拉特利齐所说："人看人是人的天性"、"当你看别人时，有相当被看者也在回看你"、"人看人，其乐无穷"[8]。在停留行为中，观看作为其动机之一，也是一种很有趣的方式。

图 6-3-2　广场中观看演出的人群

在广场中观察的事件和目标包括偶发性事件和演出事件（包括广场内举行的商业活动）（图 6-3-2）。

对于偶发性事件，人群的停留时间常常由事件本身发生时间所决定，比如广场内发生游人与保安的争执时，人群停留时间往往是从争执开始到争执结束，这与中国人爱凑热闹的天性分不开。但也有例外，我们的观察发现往往受教育程度高的人群停留时间短些，而受教育程度低的人则停留时间长。

对演出事件，停留时间趋向两个极端。一部分人只作极短时间的停留，平均不超过3分钟，这种人一般年轻、受教育程度高、生活节奏快，对广场内的演出事件感到刺激度不够，所以只作轻度的体会就会离开。而受教育程度低，尤其是外来民工和年轻的打工仔对演出事件普遍比较感兴趣，停留时间也长很多，常常达到30～40分钟，有时观看某些商业性的演出，为了抽奖等活动常常停留1个多小时。这也说明珠江三角洲文化广场的演出活动层次还普遍不高，内容不够丰富，而且多以商业性演出为主。

当然，我们这里提及的演出并不包括由政府组织的大型演出活动。这类大型演出活动通常在夜间举行，比如肇庆牌坊文化广场的夜间喷泉，节假日的大型演出活动等。由于这种事件的刺激度比较大，人群的停留时间也就相对较长。

影响夜晚观看行为的因素，除了噪声和广场内的微气候外，还有广场的照明。

观看的可能性涉及观看环境是否有足够照明的问题。在这个意义上说，照明对于广场在夜间发挥作用是一个关键性因素。

对与事件有关的对象的照明，亦即人和面部的照明尤为重要。考虑到一般的舒畅感与安全感以及观看人和活动的可能性，在任何时候均保持停留区有充裕的照明和良好的投光是最理想的。更佳的照明并不一定意味着更强的照明。良好的照明只意味着将一束适当亮度的光线投射或反射到面上——面部、墙面、标志、邮箱等等，也意味着温馨而友善的光照感。

(3) 聆听

聆听行为是和交谈、观察行为相伴发生的，对聆听行为影响最大的因素仍然是噪声。当噪声的频率和响度超过了人的烦恼阀时，聆听行为就成为一件痛苦的事情，人群自然就会远离事件现场，从而也就影响了交谈行为或观看行为进行。反之，如果背景噪声很低，不致影响人群的聆听行为，那么人们就乐于继续进行交谈行为和观看行为。

(4) 娱乐

相对交谈、观看、聆听而言，娱乐对广场环境的要求更有针对性。也就是说，只有广场为人群提供了某种娱乐的环境，才会相应的发生该种娱乐行为。比如广场开阔的草坪或硬铺地就为人群放风筝提供了行为发生的环境，所以人们才会来广场放风筝，而不会到街道去放。因此，在设计广场时，应该有针对性地设置适当的娱乐环境要素，比如儿童乐园、老人娱乐活动场所等（图 6-3-3）。对某些不想让它在广场上发生的娱乐活动则要在环境设计时加以限制。

图 6-3-3　广场中娱乐的人群

停留行为有如下特性：

(1) 边界效应

心理学家德克·德·琼治（Derk de Jonge）提出了颇有特色的边界效应理论。他指出森林、海滩、树丛、林中空地等的边缘地带都是人们喜爱逗留的区域，而开敞的旷野和滩涂则鲜有人光顾，除非边界区已人满为患[9]。边界区域之所以爱到青睐，显然是因为处于空间的边缘为观察空间提供了较佳条件，同时处于边缘区域有利于与他人保持距离，既可以看清人物，又不暴露自己。

广场中人群发生停留时，尤其是发生交谈行为时，交谈的双方（或群体）总是在作短暂的驻足后自觉不自觉地转向边界区域停留并继续交谈，这些边界区包括一个空间区域与另一个空间区域的过渡区、有建筑物的外墙边沿及矮篱笆绿化带边缘区域等等。

（2）局部隐蔽

比如树林边缘深浅不同的背景以及繁茂的树冠为停留交谈、观察及聆听提供很好的空间质量，既便于观看别人，有很好的视野，又可以提供某种心理防护。同时，交谈时微气候环境质量也好。

（3）支持物效应

人们在广场中停留时，总会自觉不自觉地细心选择凹处、转角，或者靠近柱子、树木、街灯之类的可依靠物体的地方停留。这种支持物也提供一种心理安全的作用。

（4）购买食物方便性

购买食物方便的地方往往容易发生停留行为。三角洲地区常年气温较高，停留交谈或观看聆听的人群有80%以上与喝水（饮料）相伴随发生的。所以便于购买食物（尤其是饮料的小店、士多）往往是人群停留的首选地。其实，人们见面交谈时，常问的一句话就是“想喝点什么?”

（5）30m 现象

人群驻足打招呼以后，如果紧接着发生停留行为，经常停留的位置是在离驻足暂停的地点 30m 以内的范围内，此称 30m 现象。

6.4 聚集与分散

如前所述，广场中的人有 3 种基本行为方式——步行行为、坐憩行为、驻足停留行为。这些行为的表现形式尚可归为两类，即（1）聚集方式；（2）分散方式。

所谓聚集，就是广场中的人群为了某一个共同目的，或为某一事件所刺激而聚集在某一特定领域的现象；分散则是指人群表现出希望与他人保持一定距离，从而形成一种特定的私密性的倾向。

仔细观察发现，无论是聚集方式还是分散方式都与人员构成有关，并表现出它的规律性。聚集行为的人员往往在性别、年龄甚至职业等方面表现出很强的均质性，但也有一些聚集方式的人员构成十分混乱；而分散方式的人员构成则表现为混乱性和随机性。一般说来男人和女人兴趣的差别使得在对抗性和竞争性较强的活动中男人占绝对多数，而在讲求协调优美的活动中女人占相对多数。广场中聚集方式的特点决定了老人、少年儿童和女性是聚集的主要人员构成，而中年男性和青年男性则相对比较少；分散方式的人员构成则相反，主要是青年男性和中年男性，而老人、少年儿童和女性则相对较少。

6.4.1 聚集

要发生聚集行为，最起码得具备事件和动机。事件是聚集的中心，也是引发聚集的基础。事件不论是偶发的、周期习惯的还是事先安排的，都构成人们注意力的焦点。由于事件的发生加上人群的好奇心理和从众心理，引发聚集行为方式。

聚集行为方式按照其动机分可分为三大类：（1）以物质利益为目的；（2）以精神娱乐为目的的；（3）二者兼具。在广场中以精神娱乐为目的聚集占多数，以物质利益为目的聚集发生的几率很少。比如广场内举行的演出，老人之间的自娱自乐活动等大都是以精神娱乐为目的的聚集。对于普通工薪阶层及外来工来说，二者合一的聚合对他们来说显得更有吸引力。比如周末举行的商业性的产品推销活动，常常使广场出现人山人海的景象，因为这种商业性演出活动，主持人最善于调动人群的参与意识，而且演出的内容也比较浅显、流行，使人群有积极参与的意愿并从中得到精神的享受，同时还能够在参与过程中获得一些实物奖品。这也是为什么政府组织的纯艺术性演出经常不如商业性演出那么吸引人的原因。

广场中发生聚集行为方式按事件性质可大致分为如下几类：

（1）观演聚集。这类聚集包括大型文艺性演出聚集、个人或小团体演出性聚集和其他商业性演出聚集。

大型文艺性演出往往是由政府和团体有组织地进行的，有其明确的主题，因而规模比较大，对广场物质环境的要求也比较高，往往需要配置光、电、声设备和舞台，而且活动的内容越吸引人，聚集的规模就越大。有时候我们把广场内观看烟花、灯光喷泉等表演的聚集也归于这种类型。商业性演出是由企业为了推销产品和广告的目的而举行的演出活动行为，这时舞台和灯、光、声设备等一般都是临时搭设的和相对简陋的，相对而言，聚集规模也较小，聚集的人数大多在50～100人，但气氛往往却比较热烈，人群滞留时间不长但较稳定。个人或小团体的演出性活动所引发的人群聚集规模通常都很小，一般在10人左右，最多时20人左右，且聚集人群的流动性很大，滞留时间往往不超过10分钟。

（2）自发性活动聚集。类似老人们聚集在一起自娱自乐、吹拉弹唱；老年人群为主的下棋、聊天；少年儿童及父母、恋人们放风筝的聚集；老年人聚集跳集体舞等等，都属于这类聚集行为。

这类聚集方式，其场所感特别强，活动人群也相对固定。比如东莞西城广场的一棵大树下，长期是老年人下棋、喝茶、聊天的聚集地，一年四季大抵如此，不随天气变化而变化，足见其场所认同感特别强。同时，聚集人群80％以上由固定人员构成。流动人员大部分是那些观看下棋，作短暂休憩的驻足停留人员和喝水休息的休憩人员，这部分人常常仅占20%左右。

(3) 偶发事件短暂聚集。此类聚集是由广场中突然发生的偶然事件吸引人群的围观、评品所发生的聚集行为。这种聚集方式一般时间比较短暂，往往事件一结束，聚集也自行消散，聚集人群规模也较小。除非恶性事故，比如抢劫、打架等事件发生，才会有较多人群聚集。由于这种聚集方式偶发性比较大，较难掌握其规律性。

综上所述可知，要发生聚集行为，需具备以下几项条件：

(1) 事件：事件是聚集行为的中心和诱因，也是引发更多的伴随行为的基础。事件始终是人们注意力的中心和聚集发生的本因。

(2) 适合的环境：当环境具备可坐、可达、可守、可识、可赏等特性时，常常容易发生聚集行为。

(3) 较大的活动场所：当活动场所较大时，容易发生群众自娱性的聚集行为方式。

(4) 具有向心力的场所：比如舞台在一块场地里就具有向心力，一棵大树在一个场地里也具有向心力，在这些场所里较容易发生聚集行为。

(5) 具备必要的声、光、电设施的场所常常是演出性聚集行为发生的必要前提。

6.4.2 分散

分散行为的动机主要是为了逃避人群聚集所形成的压力，企求形成个人(少数人群)独特的私密空间，以达到独处静思、休憩逗留、散步观赏、谈心交流、谈情说爱等个人私密性活动的目的。

广场作为城市公共空间，其主要功能就是供人们交往和休憩。人的交往其实就是信息的交往，包括人与人的信息交往、人与环境的信息交往等。环境心理学的研究表明人们偏爱中等复杂程度或适中强度的刺激。当外部环境的刺激过多、过于复杂，从而超过了人们的承受能力时，就会使人在生理和心理上感到压力，甚至威胁，从而产生生理、心理上的环境感觉过重现象(Overload of Environmental Sensation) 这时人们就渴望有秘密性空间和领域性空间。对人的秘密性，威廉·詹姆士(Willian James) 和韦斯顿(Westm) 提出其四种功能。

(1) 完整性(Autonomy)：它使个人具有个人感、主体感、以维护个人行为的自由与自主，使个体按照自己的意志支配周遭的环境。

(2) 自泄性(Emotional Release)：情绪放松，或使感情释放，或激情宣泄，即人人能独立进行自我表现，独立地表达自己的感情，放松自己的情绪。

(3) 自省性(Self Evaduation)：自我评价或自我估计。这是个人闭门思过和自我反省、对照历史和现实、他人与自身等来规范个体的行为。

(4) 隔离性 (Limited Communication)：限制交往，阻断信息干扰，个体隔绝外界干扰，控制和限制信息交流。

广场中人群的分散行为其实就是人群追求秘密性的一种行为趋向。观察发现，青年恋人是最具有这种强烈需求的人群，其次是中老年人。女性所占的比例比男性高，很容易观察到2位女性（包括各种年龄段）分散谈心，而很少看到二位男士单独相处聊天。儿童和少年的分散行为最少，几乎很少发生。

发生分散行为的场所，常常具有以下特点：

(1) 领域性：

这种空间的领域性，使空间成为能防卫空间（Defensible space)，从而保证分散行为主体的安全感。比如我们发现广场中三面有维护矮篱树的座位是恋人们最喜爱的座位。

(2) 私密性

当空间有较好的视线屏蔽、声音屏蔽以及与其他领域空间有比较合适的社会距离时，这种空间较受分散人群欢迎。

(3) 适度的公共性

在广场中，完全与其他领域空间隔绝的空间领域是没有人群行为发生的空间，包括分散行为，这和人们设想的完全相反。究其原因，可能由于即使是在分散行为过程中，人们在追求私密性的同时，往往还蕴含着一定的社会交往活动的需求，比如观赏、聆听等。恋人们在谈恋爱时，的确是沉浸于二人世界，但是他们在谈心和亲昵的过程中常常也需要外部环境提供一定的刺激，比如周围一定区域内的表演活动就能够给他们带来更多的心情愉悦感。

(4) 可达性

可达性不便的空间，即使私密性再强，也不易发生分散行为。

(5) 舒适性

可坐、可赏、可观的舒适环境亦是分散人群的首选地。

6.5 本章小结

行为和环境是互动的关系，要从环境——行为互动的角度来探讨各种环境的因素，就必须详尽地研究人群的基本行为模式。

本章通过对珠江三角洲地区休憩广场中人群的三种基本行为模式——步行、坐憩、驻足停留进行了详细的分析和研究，来探讨各种行为状态下人群的结构、行为规律和行为——环境的互动关系。

作为三种基本行为模式之一的步行行为，按其行为的目的可分为主动步行和被动步行，由于人群结构、步行人数的比率及行为目的的不同，也就导致了步行距离和步行途径的差异，形成各自的步行规律。座憩行为是三种基本行为中发生几率最大、发生人数最多的，“坐憩品质”也是珠江三角洲休憩广场品质的最重要决定因素，因此本章结合探讨广场的人群结构和特征、人群的行为特征来研究“坐憩品质”，对此做出了详细的分析。步行行为表现为“动”，坐憩表现为“静”，而驻足停留则是由“静”转为“动”或由“动”转为“静”的过渡行为，更趋向于具有静态行为特征，广场环境对人群由驻足停留转化为步行行为还是座憩行为有着直接的影响，本章对此做出详细的阐述。

广场中的三种基本行为方式表现形式可归为两类，即聚集方式和分散方式。对聚集和分散做出分析将更有助于三种基本行为模式的研究，是其重要和必须的补充。

参考文献

[1] [美]. 哈维·米·鲁宾斯坦. 城市中心林荫步道 [M]. 台湾：六合出版社，1978：3.

[2] [3] [4] [丹麦]. 扬·盖尔. 交往与空间. 何可人译. 北京：中国建筑工业出版社，1991：3.

[5] [7] William H·Whyte. The Social Life of Small Urban Spaces. The Conservation Foundation 1717 Massachusetts Avenue，N. W. Washington，D. C. 20036，1980.

[6] 克里斯托佛·亚历山大. 建筑模式语言 [M]. 王昕度，周序鸿译. 北京：中国建筑工业出版社，1989：12.

[8] [美] A·丁·拉特利齐. 大众行为与公园设计 [M]. 王求是，高峰译. 北京：中国建筑工业出版社，1990：2.

[9] Jonge，Derk de. Applied Hodology. Landscape17，no. 2（1967-1968）；10-11.

第七章　休憩广场内若干环境因子与行为的互动模式研究

在 $B=f(P\cdot E)$ 公式中，行为 B（Behavior）是人 P（Person）和环境 E（Environment）的函数。这一函数关系说明了环境——行为是互动的关系，环境直接影响人的行为，行为受环境的制约，同时又对环境提出要求。

广场空间物质环境的构成因子是非常繁杂多变的，尽管每个因子对人在广场中的行为都有着程度不等的影响，但是要对每个因子都加以分析和探讨将是非常冗繁的，也没有必要。因此，抓住主要矛盾加以分析探讨将是我们解决问题的关键。我们已经通过主成分分析法与模糊层次分析法等数理分析方法对五个样本广场做出了分析，得出决定珠江三角洲休憩广场环境质量好坏的主要因子是配套设施因子、交通因子和景观因子。其中配套设施因子包括休憩座位、公共厕所、卫生垃圾箱、建筑小品、灯光及标志、草坪、大型乔木（遮阳树木）等设施；交通因子包括停车场、公共汽车（或地铁）；景观因子主要是指对周围建筑及环境的满意度。因此这些因子将是我们必须加以讨论的主要对象。

同时，休憩广场内的人群行为可归纳为三种基本行为模式，即步行行为模式、座憩行为模式及驻足停留行为模式，我们也已经分别对其进行了研究和分析。

尽管我们已经对广场的环境（E）和人群的行为（P）分别都分别做了较为详尽的研究，然而对影响环境质量的若干主要因子和行为的互动关系的研究才是我们需要讨论的重点，因为只有通过对环境因子与行为的互动关系作详细的分析和深入的研究才能以联系和发展的观念，找出在休憩广场中最符合人群休憩行为的环境模式。

由于休憩座位和广场铺地与行为的互动关系，我们已在第六章里关于坐憩行为和步行行为的研究中作过较详细的分析，在此不再赘述。关于景观因子，在对坐憩、步行、草坪、大型乔木等与行为互动关系的分析研究时将会加以穿插做出分析和评述，所以下文中只将其结合光环境来加以探讨。

7.1　大型乔木（遮阳树木）与行为的互动研究

广场中树木是宝贵的，它不但直接影响着人群的休憩行为，而且对广场的生态环境和可持续发展也起着重要的作用。首先，大型乔木的绿量非常大，能吸收大量的二氧化碳，同时它又可以固土积水，改善广场的微气候，极大地提高广场生态环境的绿化指标。

单棵大型乔木或由多棵乔木围合而成的小树林、林荫道，常常成为人群聚集和活动的中心。图 7-1-1 为 1999 年 8 月在东莞市西城区文化广场记录的从 7：30～19：30 时间段在乔木下活动的日平均人数和广场日平均总人数比较图。从图中可以发现，在该广场中大型乔木下活动的人数占总人数的比率最多，持续时间也最长。由此可见研究广场中乔木下人的行为模式具有重要的价值。

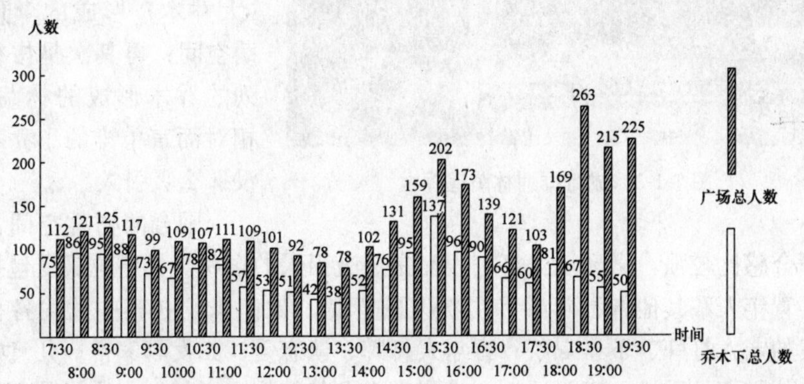

图 7-1-1 东莞市西城文化广场乔木下坐憩人数在广场中活动的和总人数的比较

珠江三角洲地区休憩广场大部分大型乔木是通过人工移植培育而成的，也有的单棵或数棵大型古树（如古榕树）是在原址既有的树木。这些古树往往成为广场内最富吸引力和活动场所和人群聚集地。

广场内最常见的乔木有：小叶榕［Ficus virens Ait. var. su blanceolate (Mig) corner］、细叶榕（Ficus Microcarpa L. F）、油棕（Elaeis Guineensis）、木棉树（Gossampinus malabarica）、垂柳（Salix babylonica L.）和水杉（Metasequoia glyptostorboides Hu et cheng）等。常见的有树木形成的空间有：（1）单棵大树形成的伞形空间；（2）几棵乔木围合而成小树林；（3）林荫道空间（图 7-1-2，图 7-1-3）。

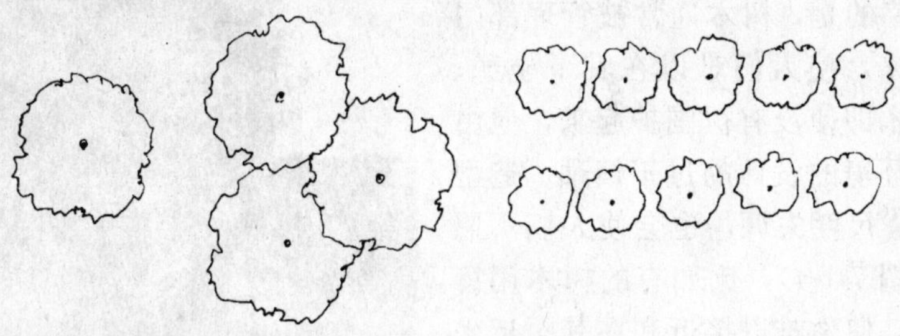

图 7-1-2 乔木的三种典型种植组合方式

7.1.1 围合空间的属性

无论是哪一种栽植方式，树冠和树干所形成的一种意象空间——空间的

图 7-1-3　成行排列林荫道乔木

界定，并且也都会形成其独特的微环境，从而产生其独特的围合空间属性。

最受欢迎的是由数棵树木围合形成的小树林空间；其次是大型的老树（大乔木）形成的伞形树荫空间；再其次是按行排列的乔木形成的林荫道；相对而言单排的小乔木就没那么吸引人。

围合的树林空间，由于围合感比较强，微环境又好，因而是最吸引人的场所。其座位最受包括老人、青年人和其他各种年龄和层次人的青睐。他们乐于在其中发生各种行为，如老人打牌、下棋喝茶；青年人打牌、谈恋爱；妇女聊家常；儿童嬉戏等。他们相处融洽，互不干涉；青年恋人尤其偏爱小树林，如小树林下面有草皮，就是青年恋人领域性活动的上佳选择；伞形的树荫空间，则较受老年人喜爱，一棵直径 25m 左右的老榕树下，常常云集 20 个以上的老人。但由于老年人的领域性占领，使得青年人和中年人群在其中的活动就相对较少；林荫小道是最适合步行的空间，结合质感和色彩都非常舒适的铺地，广场中休憩性的步行大部分会发生于其间；人们也乐意在小树旁的座位上作短暂的坐憩，尤其是青年恋人常常会选择小树旁视线比较隐蔽的座位；相对而言，人群使用单排小乔木的比率较低，但是如果视线较佳，有些小乔木所形成的空间也会是人群乐意占据的地方。

图 7-1-4　过于简陋的围合树木的座椅不为人群喜爱

不幸的是，树木通常被管理部门围护起来，使人们难以在其下坐憩；有些树木即使没有被围护起来，但由于周围环境的设计的过于烦琐、造型不合理、尺度失调，也会使人们不愿坐憩（图 7-1-4）。比如有的树木用篱笆围起，使你难以接近和在其附近坐憩。有些树木过于高大，树蓬又窄，很难形成舒适的社会空间。

设计广场时，应该注意把树木与

坐憩空间结合起来，尽量以围合的丛树种植。铺地要和树叶在阳光下的投影结合起来，使硬装铺地和软装铺地有机地结合，还要考虑树种的树叶在阳光下的投影，使阳光变得柔和宜人，夏季凉爽，冬季又可透露缕缕阳光，带来浓浓的暖意。

大型乔木由于其自身的特质，能形成优良的微气候，从而达到形成一种特殊社会空间的效果。在这种社会空间里，人与人之间的社会距离似乎相对缩小，人与人之间的紧张感也大为减缓。树木似乎提供给人们以被拥抱、被保护的感觉。树木不仅为他们提供了亮丽的风景，而且提供了舒适的聚集地。

大乔木总是与坐憩空间紧密相连的，是人群最乐意选择的坐憩空间。据观察统计，平均每人次坐憩时间可达 35 分钟之久；老人的平均坐憩时间最长，常达 50 分钟。他们在树下喝茶、交谈、打牌、乘凉、观看，乃至无所事事，自娱自乐。树荫也常常被当作步行的终点地。如果树荫附近摆放了食品和饮料，其作为步行目标地的几率就更大。人们步行到树荫下，往往会下意识地停下来以补充体力并转化为坐憩行为。我们还会发现这样一个非常有趣的现象：有很多人群，开始只是想在树荫下做暂时停留，由于受到发生于树荫空间的事件的刺激，有近 80%以上的暂停行为转停留下来观看、聆听或休憩。

当我们惊讶于树木在广场中所发挥的如此大的功效时，我们很有必要注意一下树木在广场中对微气候的调节作用。

国内外的研究表明，城市植被的气候效应显著，尤以热带、亚热带地区更为明显。一般来说，在炎热的气候中，它能降低环境温度 1～3℃，最高可达 7.6℃，同时可以增加空气湿度 3%～12%，最大可达 33%；并可遮阴阻挡 60%，甚至 88%～94%的太阳辐射到地表，而只有 6%～12%的太阳辐射可以透过树冠的间隙到达植被下方，从而使有效辐射减少 32%（表 7-1-1）。

实体的降温效应测定结果 **表 7-1-1**

绿化实体	大麻黄绿林	小叶榕、椰树 人心果、草地	草地	椰子树 街道树	南洋杉、小叶榕 黄槐、草地
白天平均气温℃	26.5	25.4	29.3	29.8	26.0
白天最高气温℃	28.0	27.5	34.0	35.0	27.5

成熟的树林每日能散发约 100 加仑的水，所造成的凉快的效果相当于 100B. T. U 的冷气机每天工作 20 小时的作用。人呆在树荫下之所以有较舒适的感觉，还因为树荫能够减少强烈耀眼的眩光。

此外，树木能以其树干、树枝及树叶吸收扩散声波，比如小叶菩提树就能达到吸收的目的。树木的树干及树枝能折射声音，在人的心理上造成减噪的效果。

7.1.2 自我聚集

广场中乔木下人的行为常表现出强烈的聚集方式。

通常有一种误解，以为人们最喜欢去的地方是远离人群的地方，实际上最吸引人的往往是人群自身的活动。人们最喜欢去的是那些行为活跃、人群密集、会晤和交谈最多的地方——这就是人群的自我聚集行为。

当各种人群为了交流信息和刺激在乔木下聚集时，还表现出另一个同样明显的行为特点——即人群的分离性。

我们以东莞市西城文化广场（图 7-1-5）为例来做详细的分析。

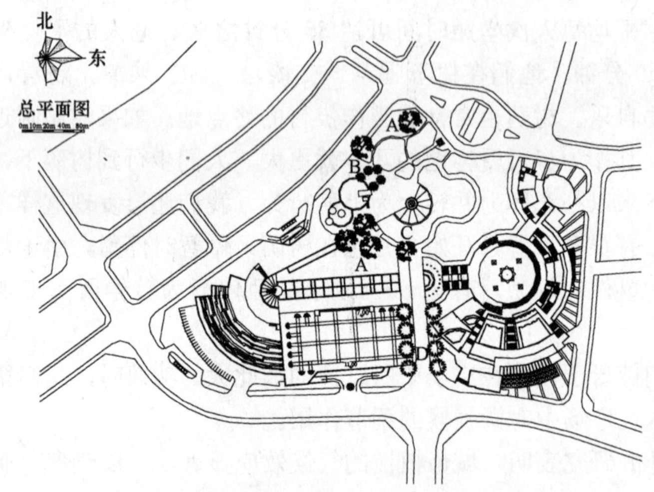

图 7-1-5 东莞西城文化广场总平面图

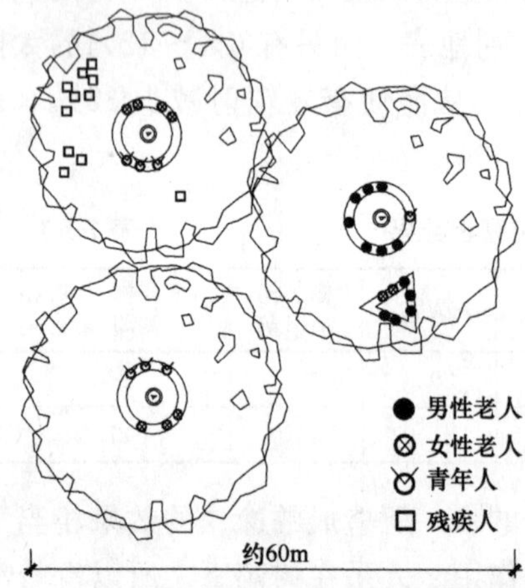

图 7-1-6 西城广场 A 点乔木群 9：30～10：30 时段人群聚集图

当我们观察一组位于乔木下的人群时，发现人群里有老年人、青年人、中年人；男性和女性；健康人和残疾人。表面看起来他们同处一群，实际上他们往往会以年龄、结构、甚至健康状况自觉或不自觉地形成人群的分离。图 7-1-6 是东莞西城文化广场 A 点乔木群 9：30～10：30 时段人群聚集图，可以看出，老年和青年很自然地形成各自的族群，而残疾人也自然地围合成自己的活动族群。这种族群的形成更有利于族群人员之间的信息交流。

影响自我聚集的因素有以下几点：

(1) 乔木自身形成的微气候环境

就常见的三种乔木围合空间形式而言，由几棵乔木围合而成的小树林所形成空间的微气候最佳，其次是成行树木排列形成林的荫道式空间的微气候和由单棵大树形成的伞形空间的微气候。

以位于广场内A点的三棵大榕树相互覆盖所形成的直径达60多米的阴凉通风区域（图7-1-7）为例，该区域内的气温就明显比外面凉爽而且通风，所以该区域内长期聚集了大量人群。而且由于其微气候环境随日照和时间的变化不大，因此在其中活动的人群数量随时间的变化起伏也最小。最多时段为15：30～16：00，达60多人；最少时段是12：00～14：00，通常也有30多人，平均为45人左右。

微气候环境不仅与乔木的空间围合形式有关，还与树种、树冠的直径与树叶的稀疏有很大关系。如B点的水杉（图7-1-8），其围合形式是很动人的，但是由于水杉的树叶太稀、树冠太小，起所形成的微气候环境相对于由榕树围合而形成的微气候环境就差很多，使得在其中聚集的人数明显减少，最多时段为（15：30～16：00），一般只有22人左右；最少时段是12：00～13：00，此时太阳直晒厉害，甚至一个人都没有。可见其聚集度比单棵榕树下的人群聚集度都差很多。

图7-1-7　A点大榕树下人的聚集

图7-1-8　B点大榕树下人的聚集

(2) 可坐性

能为人群提供足够的座位和座位的舒适性二者构成可坐性。乔木下人的行为特征主要体现为坐憩方式，可坐性是决定在乔木下人群聚集度的一个重要制约因素。

座位可分为固定座位和活动座位两类。固定座位一般是长期、固定性的座位，而活动座位则是临时、可移动的座位。东莞市西城文化广场乔木下所提供的固定座位明显不够，常常是把围合树干的矮墙铺以瓷砖即作为座位，既无扶手又无靠背，可坐性比较差，在很大程度上影响了人群的聚集。在A

点处由于有一小卖部提供塑料活动座椅，一定程度上弥补了这种不足，使A点的人群聚集度得以提高，滞留时间也较长。

访问中发现，85%以上的老人希望增加一些木条做的长椅，70%以上的青年则希望设置色彩明快、轻巧的木质单人或双人椅子。

(3) 视觉刺激

"人看人是人的天性"，提供足够的外来刺激也能增加乔木下的聚集度，比如流动小溪边的乔木是人群喜欢的场所。我们对C点柳树下（图 7-1-9）的人群作过统计，发现10：30～15：30时段，柳树下通常只有一两个人作短暂坐憩；但在15：30以后，由于溪中金鱼在岸边嬉戏，外加气候宜人且不晒，很快就吸引很多人聚集在柳树下的石块和岸堤边；最多时是在18：00～19：00时间段，人数平均达到12人之多，在15：30～16：30时间段平均人熟也有6人。

图 7-1-9　C点柳树下人的聚集

图 7-1-10　D点大榕树下人的聚集

(4) 心理关怀

同样由大榕树围合的空间，若其周围的微气候环境与可坐性等因素几乎相同，一旦树干被用铁栏杆围合起来，人们就不大愿意在其下坐憩，更愿意选择坐在未曾用铁栏杆围合、人们可以直接触摸树干的榕树下。我们观察到位于图 7-1-10 中D点的榕树下的草坪，尽管那里的微气候条件很好，却几乎没有人去坐憩，原因就是在草坪边立了一块写有"严禁践踏"牌子，而且树下也没有设置任何可坐的座位和石块。访问中人们常反映"到那里去坐，说不定被罚款"，这种对人的心理关怀的忽视严重地影响了人群聚集行为的发生。

7.2　草坪与行为的互动研究

作为休憩广场绿地的主要构成元素之一——草坪，已越来越为城市管理者所重视并为普通市民所喜爱。但同时，由于草坪的过度泛滥所造成的弊病也引起人们的关注和反思。草坪耗水又不吸收二氧化碳、为养护草坪而喷洒的农药又污染环境，这些都是草坪不宜在城市中大量推广的原因。

对这一颇具争议性的广场元素所形成的环境质量以及人群在其中的行为规律究竟如何值得我们深入研究。

7.2.1 草坪微气候与环境

早在16世纪，草业在欧洲就已成为一项产业了。而今草坪业已成为很多发达国家的一项专门产业，如美国有1000万亩草坪，每年可提供500亿美元的产值，吸纳近50万人就业，号称美国十大支柱产业之一。澳大利亚城市草坪比例也相当高，如悉尼的草坪占到城市总面积的1/4，墨尔本则占到1/3[1]。

近十几年来国内草坪业进入了一个发展高潮，特别是20世纪90年代以后，据不完全统计，到1995年，全国500个城市中的草坪面积有6万多亩。尤其是大连市在城市广场中大量铺置了草坪之后，带动了全国广场建设的热潮和广场中草坪铺置的普及。北京市现有草坪3000亩，而且以每年150多亩的速度扩展。上海也以每年增加230亩的速度增长[2]。珠江三角洲由于地处亚热带地区，气温高且持续时间长，相对湿度大，太阳直照时间长，更适宜于草坪的种植和发展，所以改革开放以来，草坪的种植在珠江三角洲的城市和广场建设中也得到相当的重视，获得长足的发展。

广场里的草坪具有其特有的微气候。

(1) 草坪具有低矮、类似绿毯的特点。在广场空间里，一大片的草坪营造了美好的视觉景观，常常给人们带来愉悦的视觉。所以现在很多广场常常把草坪作为观赏性的草坪，诱导人群休憩，使之成为人群理想的游憩之地。

(2) 作为一种软地面，草坪能吸收热辐射，但因为植株矮，太阳辐射面几乎接近地面，对地面降温作用不是很大；此外，草坪有强烈的蒸腾作用，从而可以减少和调整地面热气。同时，草坪对声音有吸附作用，因此草坪的减弱噪声作用也比较明显。如果能和乔木、灌木的种植结合起来，则草坪的这种对广场微气候的调节作用效果会更明显。因为就草坪而言，它所提供的绿地面积和对微气候的改善都是平面性的，而如果结合乔木、灌木的栽植，就会取得局部三维空间性调节的效果。

以前我们常用的绿化率、绿化覆盖率、人均绿化面积等绿化指标均是以二维面积作为绿地的评价标准。现在有的学者提出“绿量”的概念，并以此作为评价标准，将更为科学更为准确。绿量概念是从生态学的能量转换利用和植物茎叶的生理功能这一基本点出发的，通过对茎叶体积的计量来揭示绿色三维体积（或叶面积指数）与植物生态功能水平的相当性，进而说明植物功能乃至绿化功能的生态效益。它突破了以往二维绿地指标的局限性，可以更确切地反映绿地植物构成的合理性及生态效益水平。

绿量的提出使我们得重新认识草坪的使用了，因为草坪白天的光合作用与夜间的呼吸作用相抵消，对于二氧化碳的固定效果几乎等于零，草坪对于空气的净化几乎没有任何功效，故草坪的绿量非常小。所以即使整个广场的绿化率达到90%，但如果没有乔木灌木的配合，其绿量都很小。都不可能形成宜人的、生态的公共休憩空间。我们的研究发现，很多广场大片草坪上没有一棵大型乔木，即使没有设置“游人不得入内”的标志，游人也不会随意进去休憩。受欢迎的草坪一定是那些与许多乔木，灌木共同有机配置所形成的三维“立体的绿量空间”。

广场的绿量达到多少才是宜人的呢？这是一个比较复杂的课题，有待于我们去作进一步探讨和研究。排除三维的绿量因素，先从二维的绿化率来考虑，究竟绿地占广场面积的多大比率是比较合适的呢？一般认为绿地占地比例应不少于65%[3]。其实广场绿地大部分是由草坪来实现的，但考虑这些指标时往往把广场附属建筑的屋面和其他绿地也计算进去了，若不计这些附加的绿地面积，则草坪本身占地面积比例达到50%～55%是比较合适的。我们研究三角洲地区休憩广场，认为这个数据是可行和合理的，大部分的广场的绿化率也都是在此范围内浮动。有些广场由于特殊原因，未能达到这个绿化率时，必须尽可能多栽植大型乔木和灌木，通过提高绿量来弥补绿化率之不足。这种办法对提高广场空间的休憩舒适度也是行之有效的。

7.2.2 草坪属性与行为

通过调查发现，珠江三角洲地区广场草场的现状有如下特征：

(1) 使用率相对较高，很少出现内地一些城市广场（包括休憩广场）那样的现象——草坪仅供参观而禁止游人入内的现象。在三角洲地区几乎所有广场的草坪都允许游人入内。

(2) 草坪维护较好。广场内草坪的管理和维护较好，使大部分草坪保持四季常绿，枯草期最多不超过一个半月。

(3) 草坪的草种略显单调。种植得最多的是结缕草系的台湾草，其次就是大叶油草（俗称地毯草）、海牙根（包括 Tifdran，328Tifgreen）、马尼拉草、日本结缕、中国结缕等。

(4) 草坪与乔、灌木的配置有待改进，特别是对草坪如何满足人坐憩、步行、停留等的行为需求考虑得不多。总的感觉是草坪简洁，但欠丰富。

图7-2-1 草坪中活动的人群

草坪内人的行为活动，75%以上是座憩行为，其余25%则为步行和停留，比如散步、儿童嬉戏、放风筝等（图7-2-1)。因而，尽可能满足人群在草坪内的坐憩行为的要求是草坪设计的主要任务。与广场内大型乔木、座位、硬铺地等环境因子相比较而言，在草坪内活动的人群和活动次数都是较少的，而且在草坪里的坐憩行为也以团体活动为主，如学校老师带学生搞活动、一群年轻人的集会等等。

草坪具有柔软的质感、洁净的界面、明亮的色彩、宽敞的空间，按想象应该吸引非常多的人群在里面活动才对，但实际情况并非如此。我们发现一些广场草坪面积多达100米见方，很是壮观，但就是没有人进去游憩（图7-2-2)。当我们询问游客为什么不进去时，很多人回答说“那么大的草坪，肯定是观赏性的草坪，应该不能进入吧!”、“空荡荡的，进去干吗呢?”。问卷显示，对“影响你在广场草坪上步行和坐下休憩的因素”问题的回答，32%人群的答案是因为草坪上标明“不准践踏”，怕主管部门指责；26%人群是因为不太习惯在草坪上散步；22%人群则因为草坪上树木太少，太晒、太热；还有15%人群是因为广场上坐得不舒服，也不方便；只有2%人群是因为草坪里人太多而不进去。这表明在普通人潜意识中，草坪还没有成为广场行为的构成元素，而仅仅是美化环境的构成元素。这种潜意识的成因为何，值得我们做文化上、物质上、观念上、乃至管理上的反思。

图7-2-2　尺度过于夸张的草坪，人群不爱进入

除了这种潜意识影响人群在草坪上的行为以外，另一个重要的影响因素就是草坪的尺度。

具有何种尺度的草坪是合适的并为人们容易接受的呢？我们认为小于50m长（或宽）的草坪尺度比较适宜的。通过观察发现，无论多大一块草坪，在里面坐憩的人群一般最多为两组，超过两组时，另外一组人群就会设法转移地点，而且人群活动通常都在离草坪边缘10m左右的地方进行。两组人群之间通常保留30m的距离。这时人群之间的活动是自由的，而且又相互吸引。根据杨·盖尔（Yan Gehl）关于社会性视阈（0～100m）的分析结论，人在30m左右的距离内，可以看清对方的发型与面部特征，是陌生人群之间的距离；10m左右的距离是人群乐意步行到达的距离[4]（如图7-2-3)，因而50m尺度的草坪是比较合理的尺度，也最适合于保持人群的领域性。如果超出这个尺度，就应该用小径、灌木、乔木、水、矮墙等加以分隔，以形成各种丰富的领域空间。

草坪边缘的形状、标高和边缘物对人进入草坪活动也有很重要的影响。比如对于高出步行路径和硬铺地标高的草坪，人群就不爱进入；如果再利用边缘的标高做成长条座椅，无形中就成了草坪的界定，使人群不易进入。所以“观赏性草坪”要使人不进入草坪的最好办法就是抬高草坪标高，并利用标高做成长条形座椅。这时只要设计成直线型边缘、方块形草坪，甚至不必利用篱笆、护栏及警告牌，也能有效阻止人群的进入。之所以强调“直线型边缘”、“方块形草坪”是因为边缘为曲线型的草坪对人才具有足够的亲和力，使人们乐意进入其中。访问还发现，标高低于步行路径的草坪也是不受欢迎的。

如果草坪能够按地形自然形成坡度，当然坡度不宜太大，最好小于 30°（图 7-2-4），方便人群躺下和坐憩，而且沿着坡度有良好的视野和景观，如宽广的水面等，则这种草坪容易成为吸引人群聚集和举办活动的最佳场合之一。因为在这种草坪上，人可以坐着、躺着，而且坡道给人以安全感和隐私感。同时这种草坪满足了“人看人”[5]、“人观景”的天性，自然给人以愉悦的感受。

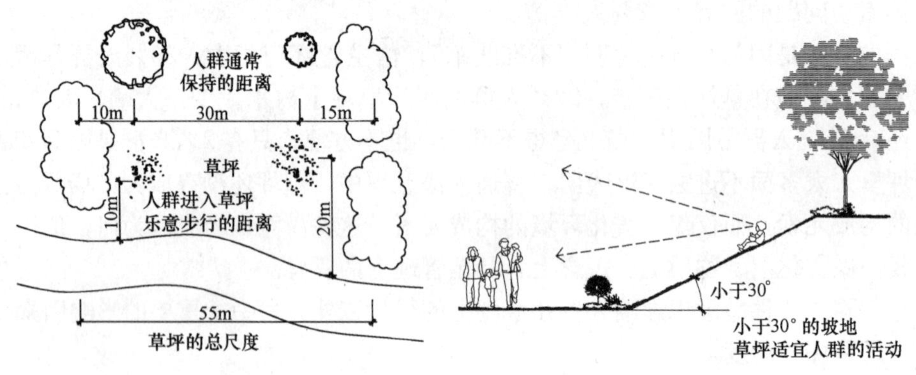

图 7-2-3　草坪尺度分析

图 7-2-4　坡地草坪分析

一些大型广场，由于空间和尺度的要求，需要大尺度草坪作为广场的构成要素，如果按 50m 的尺度来划分的话，势必影响了广场的整体空间感。那么，除了上面所说的用灌木、乔木、花丛、矮墙等元素加以合理分隔以外，还可以在草坪中设置可供休憩用的凉亭、水榭、喷泉与雕塑。这时如果在这些目标物之间未设置精心铺砌的小径，就容易产生一种错觉，以为草坪本身就是步行的良好铺地，自然会吸引人群进入。日久天长，草坪中必然形成一条裸露的泥路，天气好时，人们惯于沿此路进入并到达凉亭、水榭、喷泉、雕塑等；雨天时，由于此路没有经过特殊处理，必将成为泥泞小道，人们就不乐意沿此路进入，从而影响了人群在其中的活动。所以设计者应尽可能考虑到大草坪中人群的行为规律，适当应用中国园林设计手法组织曲径，诱导人群沿着精心组织的小径来到达目标点，而不是漫无目的地在草坪上践踏。

草种的选取和搭配也影响着人的行为。广场内并不是每块草坪都希望人群进入的。这种“观赏性的草坪”，应该选择茎粗藤长，不适宜人们坐憩的草种，如大叶油草、海滨雀稗等，再有机地搭配各种色彩的花、树来打破绿色草坪的单调色彩，同时给人一种暗示和强调：即此处为“观赏性草坪”，游人不可入内。而对于希望人群进入的草坪，就应选择质感舒适、耐践踏、便于管理、常绿期长、价格便宜的草种，如台湾草、328T. fgreen 等。

7.3 配套垃圾箱、公共厕所、小卖部及饮水器与行为的互动研究

7.3.1 垃圾箱与人群的行为

随着人口向城市集中，城市规模不断扩大，加上消费水平迅速提高，城市垃圾的产生量也不断增加。珠江三角地区是我国开放的前沿和发达地区，也是垃圾产生量较大的地区。以深圳市为例，1986 年深圳城市人口为 48.87 万人，垃圾量为 400t/d，每人日产垃圾量平均为 0.82kg；到 1995 年，人口增至 106.67 万人，垃圾量增至 1222t/d，每人日产垃圾量增至 1.15kg，平均每人每年增加 0.033kg/人日的垃圾[6]。

在城市休憩广场中，活动人员繁杂、聚集量大，势必产生一定量的生活垃圾。如果不加以充分回收，就会使垃圾露天堆放，产生异味和污染，破坏广场环境。

广场内的垃圾绝大部分是游憩人群休憩时产生的生活垃圾，如饮水瓶、食品包装袋及随手丢弃的脏物等。

垃圾的组成成分有：

(1) 纸类、纤维类；

(2) 食品类，包括易腐性的动、植物和各种食品，在高温和露天情况下容易腐烂并发生有机反应，含水量大，易发生异味；

(3) 玻璃、金属类。如易拉罐瓶、汽水瓶等。

目前广场内收集垃圾主要还是靠在广场内设置垃圾箱，由游客自动收集、整理、投放垃圾，再由工作人员定时清理的方式进行。因而应该注意合理分布垃圾箱，合理设计垃圾箱的容量和容积便于人们投弃垃圾，并充分考虑垃圾箱的设置对人的行为的影响。

目前，珠江三角洲休憩广场内的垃圾箱，按材料分，最常见的有不锈钢、混凝土、铸铁、塑胶等几种；按形式分，有全开放式、半封闭式等几种；按色彩分，有不锈钢反光镜面，绿色（或蓝色）塑料、银灰色、木原色等。经过调查分析各个广场的垃圾箱，发现存在如下问题：

（1）较多的广场偏爱使用不锈钢垃圾箱，而且常常密度过大，在太阳光下，容易产生眩光（图 7-3-1），非常刺眼。如深圳龙岗龙城文化广场，人刚进入广场，最引人注目的往往就是一排排耀眼的不锈钢垃圾箱。

（2）造型单调、笨重、粗俗、格调不高，与周围环境格格不入（图 7-3-2）。绝大部分广场的垃圾箱都是直接从市场购回的成品，而没有把它作为广场的一种小品来设计。调查数据显示，64％的人群认为现有垃圾箱的造型和色彩很一般、普通、没特点；13％的人群认为较难看；8％的人群认为太难看；只有 12％的人群认为比较好看、漂亮；还有 3％的人群认为非常漂亮。

（3）布置不合理（图 7-3-3）。由于设计者没有很好地分析人的活动模式和规律，在人集中的区域，垃圾箱设置过少，使垃圾箱往往容易被填满，致使大量垃圾堆放于箱外；而在人群聚集较少或分散的地域，却有大量垃圾箱闲置，利用率不高。

7-3-1　产生眩光的不锈垃圾箱

图 7-3-2　造型格调不高的垃圾箱

图 7-3-3　位置摆放不恰当的垃圾箱

（4）管理不善，破损严重。一个经过精心设计，与环境协调的垃圾箱是人们乐意从心里接受的小品，会成为广场的有机组成部分。但是如果是从市场随机购回的成品，加上管理不善，破损严重，就会成为令人讨厌的物件，有碍观瞻。

垃圾箱作为广场环境的一个有机组成部分，必须仔细加以设计，使其成为广场的一个小品，设置时还应当充分考虑人的尺度和习惯。比如在大树下摆放食品的座位边，由于垃圾大部分是易腐烂的食品和少量的玻璃、金属瓶以及低纤维类包装盒，这时就应当设置容量相对大些的垃圾箱，同时又要设计得便于垃圾分类放置。放置食品的垃圾箱还应较封闭以避免异味的挥发，而放置包装瓶、包装盒的垃圾箱就应开敞以便投放和工人回收，色彩可适当醒目些以利于人群寻找。垃圾箱的尺度既要考虑成人投置的尺度，还要方便老人、小孩及残疾者投置。而在步行小径上，由于人群相对稀疏，产生垃圾的概率较小，垃圾箱的密度就应相对减少，容量也可较小，而且为了减少刺眼度，其色彩应尽可能接近环境色，也不必强调垃圾的分类。

在确定垃圾箱的摆放位置时，首先要认真调查人的聚集和活动规律，对聚集人群多且产生较多饮食垃圾的区域应计算广场人群每人每次平均产生垃圾的体积 a，以此来估算出每人每小时产生垃圾的体积总量 b，再根据广场的管理情况（每小时清理的次数 n），来确定垃圾的总容积 M。

首先要统计区域内平均每小时聚集的人数 s，再调查每人平均每小时产生的垃圾量 b，根据广场管理的实际情况，确定每小时清理垃圾箱的次数 n，由此来确定垃圾箱的总容量 M。

$$M=s\cdot b/n$$

计算出垃圾箱的总容量后，还得根据区域的实际情况来确定垃圾箱的数量。

我们的建议是：

（1）在人群比较集中的区域，比如林荫下的小卖部等饮食区域，应尽可能地减少垃圾箱数量，而适当地增大其容积。

（2）在坐憩区域，应根据座位的密度和分布，尽可能保证座位与垃圾箱的距离为 7～10m。因为这个距离是人群愿意起身去丢垃圾的最佳距离，同时应避免垃圾箱数量过多。

（3）步行路径上垃圾箱的距离宜保持在 60m 左右。我们的观察发现，人群丢垃圾的最大忍耐距离约为 30m，当他（们）在 30m 内还找不到垃圾箱的时候，往往就会信手把垃圾堆放在路边的隐蔽处、台阶上或椅子上等。

7.3.2 公共卫生间、小卖部、饮水器与人群行为

一、公共卫生间

广场中的卫生间、饮水器、小卖部是广场必备的配套设施。他们的合理与否、是否齐备将直接影响人群在广场内的休憩行为。人群在广场内的休憩行为既是一个体力消耗和补充的过程，也是一个能量交换的过程，所以在休憩过程中常常伴随水分和能量的补充和排泄。因此配套卫生间、饮水器、小卖部这些设施就必不可少。

广场内的配套卫生间是容易被管理者忽视，却又是人们迫切希望解决的问题。目前珠江三角洲地区休憩广场大多没有很好地解决人群如厕的问题。比如我们在深圳龙岗广场调研时，始终找不到厕所，后来经打听才知道在其

附属建筑物内。其他广场同样存在这个的问题，没有设置明确的、方便广场游憩人群使用的配套厕所（图7-3-4）。

图 7-3-4　惠州滨江公园文化广场厕所位置偏僻难找

本研究对“你认为广场内的厕所设置的情况对你在广场内的活动有没有影响?”这一问题作了问卷调查，结果表明，45％人群认为有一定的影响；29％人群认为影响很大；10％人群认为有没有无所谓；只有16％人群认为根本没有影响。老年人认为影响很大的比例比青年人大得多，说明厕所设置好坏对老年人影响更大。大多数老年人还认为现有广场的厕所设置不方便，希望得到改善，青年人则反映没有这么强烈。事实上广场中人们平均每1个半小时至2小时就得小便一次，如果不合理地解决这一情况，将使在广场中滞留的人群大为降低。

我们调查的广场的厕所大多设置在周边的附属建筑及较偏僻的地方，事实说明这样设置卫生间是不受人群欢迎的。问题是若在广场中设置固定的、大体量的、显眼的厕所建筑，有可能破坏广场内的布置和环境（图7-3-5），所以广场内配套厕所位置的选择就非常重要。

图 7-3-5　樟木头镇东城文化广场厕所破坏了环境

调查表明，以下几种布置方式比较合理：

（1）靠近入口且标志明显，以便人们一进入广场就知道厕所的方位。当然这种布置是以不影响广场的空间布置和环境美观为前提的。

（2）和小卖部等结合起来，设置在广场内人群活动比较集中的地方，以方便喝水、休息的人群，尤其是老人们使用。

（3）设置在周边附属建筑群内。

（4）配置在地下或半地下空间，但宜尽量离入口处较近并使人群进入广场时就能注意到厕所的标志，一旦需要厕所时，就能方便地找到目的地。

因为在广场内活动的人群使用厕所的频率并不是很高，外加广场中的女性相对较少，所以对厕所的设备条件的要求不必过高，只要达到卫生、干燥就可以，其蹲位数和洗手位的数目也不需要太多。笔者认为平均每 50 人有一个就可以，但是应该充分考虑残疾人的方便，设置残疾人坡道和残疾人专用蹲位和洗手位。

二、小卖部

大部分广场设计时并没有考虑设置服务于广场人群的小卖部，有些只是在广场的边缘利用一些架空的夹层空间设置商店、快餐店等，但其服务对象并不是针对广场内的人群而是周边沿街的行人。事实上，广场的休憩人群，常常需要购买零食、水、饮料及水果等，由于设计者忽视广场内人群购买行为的需要造成广场建成后，常常不得不搭建一些临时建筑来作为广场内的小商场以满足广场内人群的购买需要。这些临时建筑的位置和建筑风格常常与原有的广场空间和风格不协调，使其在广场中显得很突兀，破坏了广场固有的环境和格调（图 7-3-6）。

图 7-3-6　惠州滨江公园文化广场临时小卖部

小卖部作为休憩广场重要的、必不可少的构成要素，在设计时就必须仔细加以考虑，不可在广场建成后用临时建筑来弥补。广场小卖部的设计应该遵循以下原则：

（1）尽可能设置在有较多人群集中坐憩的地方，以方便人们购物。

（2）设置在广场入口处，便于人们一进入广场就能够买到食品和饮料。

（3）设置在环境比较优美的地方，方便人们一边吃东西一边看风景聊天。

（4）条件许可时，可分散几处设置，以便于人们随时购物。

（5）小卖部应尽可能地和垃圾箱结合起来处理，因为小卖部周围往往是垃圾产生较多的地方，如果不把垃圾处理好就会使该地区成为污染源，影响广场的环境。

三、饮水器

国外公共空间如广场、步行街设置饮水器已经非常普遍。它为人群提供可直接饮用的水，既方便了游憩人群，更减少了垃圾量。同时，饮水器本身也是人群聚集点之一，有助于活跃区域气氛。但在国内，饮水器还是比较少

图 7-3-7 东莞西城文化广场的饮水器

见的设备，到目前为止，珠江三角洲只有江门、珠海、东莞（图 7-3-7）等地几个广场和步行街开始尝试设置饮水器。广州的上下九路新建筑文化广场也准备设置，迈出可喜的一步。

但是我们调查发现，现有饮水器的使用率并不是很高。在设置引水器的广场，42%的人群说自己不会直接饮用饮水器里的水；30%的人群会偶尔饮用；只有 28%的人群会饮用。一个很有趣的现象，青年人、尤其是少年儿童是乐意和习惯饮用，而中老年、尤其是女性通常还不习惯直接引用引水器供应的直饮水。

造成饮水器使用率低的一个主要原因还是由于东西方文化上的不同。在我国，一直以来人们都习惯于饮用开水、茶水，只是近年来矿泉水、蒸馏水才进入平常百姓的生活。在人们的印象中总认为，由水管直接供应的水是不干净的，不可以直接饮用。调查的结果也正是如此，因为约 42%的人群尽管知道可以直接饮用，但总觉得没有自己带（买）的水干净；还有 40%的人群是不习惯，怕不卫生。

由于人们还没有习惯直接饮用饮水器供应的直饮水，就造成直饮水错用，以至于人们把它作为洗手、洗脸的水源。其实，广场人群常常为需要洗手、洗脸却找不到水源而苦恼。随着人们思想观念的不断更新，很快就会习惯饮用饮水器供应的直饮水，因此设置饮水器的时候应该结合洗手、洗脸的水源一起考虑，否则，人群有可能利用饮用水作为生活用水，就得不偿失。同时，水位的布置和数量也需要加以综合考虑。

7.4 光环境的营造、舞台、雕塑、喷泉及瀑布与行为的互动研究

环境不仅仅包括我们前面讨论的那些广场内实际存在的“物性”环境，还包括“非物性的环境”，如光环境等，它和“物性”环境共同对人的行为产生作用。广场内的雕塑、喷泉及瀑布常常是广场光环境设计的重点部位，成为广场的视觉焦点和标志，在晚上甚至成为人群在广场的活动中心。所以本节把雕塑、喷泉、瀑布和光环境结合起来论述。

7.4.1 光环境的营造与人群的行为

视觉里物体之所以存在，乃是由于光的作用使然。对广场而言，无论是广场内的单一构成元素和因子，如雕塑、喷泉、瀑布、树木等，还是广场的整体环境，都是依靠“看”来辨别其质感、颜色、体积、甚至是精神层面的

特质。

建筑师赋予了空间环境（包括广场）艺术特质的第一生命，光则是这种生命的灵魂。如歌德式教堂内，阳光透过彩绘玻璃洒在烛光摇晃镀金的圣坛上；苏州园林庭院里，白粉墙的漫射光提供芭蕉、翠竹以剪影般的背景……

阳光是自然界赏赐给人类最珍贵的礼物，在太阳自然光下，广场内的一切树木、雕塑形成的阴影；喷泉、水池形成的倒影；不同质感、色彩呈现的精神特质，都使广场富有生气。显然，白天是窥视广场全貌的理想时间，然而到了夜晚，月光和照明同样勾画出广场神秘动人的轮廓。这时，广场的照明成为广场夜间环境构成的灵魂。

夜间照明，不仅延长了人们在广场内活动的时间，提供了安全感，而且可借以强调园景、树木、喷泉、雕塑、建筑、图案及其他特色来增加广场环境的乐趣与格调。然而在广场环境的照明中，我们不能仅是满足于提供给人足够的照度以方便人群的活动，更要使广场环境的精神特质得到充分的展现。此时，“照明”的观念就必须扩展到“光环境”营造，而不是狭隘的广场照明或灯光配置了。

光虽是个似乎摸不到、嗅不到的东西，其实却是环境构成中相当重要的元素。光环境对心理的影响也非常巨大。

其实，我们的祖先一直都是光环境创造的行家里手。每当元宵节，从各式各样的灯笼、猜灯谜、蜂炮、跑马灯等活动来看，祖先们都有着对光丰富的敏感性和对光环境的天才创造力。反而是现在，当人们在尽力创造高楼大厦和营造各种宜人环境的时候，却往往忽视了占据人类一半时间的夜间光环境的营造。广场也是如此，我们深入地考察珠江三角洲的休憩性文化广场时就会惊讶地发现，尽管人们现在已经开始重视其光环境的营造，但有时实在显得还不够。

水能载舟，也能覆舟。光也是相同，在广场内光环境营造得好，将使广场的夜景迷人、舒适；反之，未经仔细规划和精心设计所营造的光环境，只会成为无形的杀手，破坏我们的审美意识。

视觉设计中的点、线、面其实也是照明设计中的基本设计要素。在照明器具的演进史中，烛光、火炬与煤气灯的使用最早，在视觉上造成的是点光源的效果。点连接成线构成一种古典街灯式的手法，在其他建筑和环境照明上也得到体现，比如在欧洲建筑上小灯泡的组合上就可以看到。尤其是霓虹灯的发明，更为光的成线布置提供了可能性。反射罩、高效率灯泡的发明使照明可被准确地加以控制，由此出现面的照明方式。

这三个元素的组合可塑造出不同的光环境效果。广场光环境的营造其实就是如何合理地利用这三种元素的组合来达到预期的效果。

在营造广场光环境时，并不是每个地方的照度都必须平均分配，而是在每个不同领域、不同空间有最亮、最暗的对比，来确保一定的光品质。这也就意味着在整个广场光环境的营造中，必须将广场的标志——即广场的视觉焦点也作为光环境的焦点。这种标志性的视觉焦点可以是广场的中心雕塑，如深圳龙岗龙城广场的巨龙雕塑；可以是喷泉，如肇庆牌坊文化广场的湖面大型音乐喷泉等等；也可以是表演舞台，如惠州滨江文化广场的大型舞台。

尽管我们对光环境舒适性进行评价时，关于光的照度、亮度对比、眩光干扰、色温、色表和显色指数都有量化的计算公式，但对珠江三角洲地区休憩广场的光环境，我们还无法用纯数据来加以量化评价。首先，因为这需要大量的设备和采样数据，这是我们力所不及的；其次，因为眼睛的调适功能，以及每个人对光的感受能力的差异，加上反射面、背景光以及不同气候下月光照度的不同，使照明光源在不同情况下会出现不同的颜色、明暗对比度及色温等，因而要对广场内如此繁复的光环境加以具体的量化分析既无可能，也没必要。

“标志物是观察者的外部观察参考点……”[7]，试想纽约没有世界贸易中心、自由女神；伊士坦堡没有回教堂；上海没有东方明珠电视塔，不但这些城市的天空缺乏变化，而且丧失特殊的个性和城市参考点。广场内标志物的存在，不仅作为外部观察参考点起指引方向作用，也成为视觉与视线汇集的焦点。把标志物作为广场照明的重点和中心来设计，其意义如下：

(1) 提供视觉焦点。建立广场的夜间方向指标，可将白天对此标志物的依赖感加以延续，增加安全感和方向感。

(2) 建立独特的广场景观风格。比如肇庆牌坊文化广场的湖面音乐喷泉就成为该广场的最鲜明的标志，如果没有这个音乐喷泉，则完全失去了它自身的特色。

(3) 构成引导人群行为的中心。如果广场光环境没有中心的话，势必使广场的照明仅仅为人群提供安全活动的光亮而已，对人的行为是缺乏引导性的。对标志物实施重点照明，使之成为广场夜间的中心，这也使白天和夜晚广场中人的行为具有不同的特性：即白天广场内人的行为表现为无中心性或多中心性，而夜晚人的行为则具有单一中心性。

7.4.2 雕塑与人群行为

每个广场总会有一组，甚至几组雕塑。雕塑常常扮演广场标志物的角色，因为雕塑作为一种抽象艺术，最常被业主或政府选作表达广场主题或思想的载体（图 7-4-1）。因此，必须合理地考虑雕塑的主题造型、材料、质感并精心安排其摆设的位置，为之合理配置夜间照明，使其标志物的角色得到充分展示。

雕塑在广场中最常摆放的位置一般为广场的中轴对称线、广场的几何中心或视觉中心，有些也会置于主入口处，其目的就是使其成为广场的中心标志物。

图 7-4-1　樟木头镇东城文化广场的雕塑

事实上，雕塑对人群行为的影响是比较间接的。人群进入广场时，一般不会直接奔雕塑而去，即使在欣赏雕塑时，时间也是短暂的，但是由于雕塑的标志性作用，使雕塑容易成为广场中的人群行为的参照坐标和参照物，无形中产生一种向心力。人群在经过一段时间的活动后，将自觉不自觉地朝这个中心聚集点汇聚，从而使雕塑周围成为广场内人群聚集的场所。

比较有中心性雕塑和无中心性雕塑的广场就会发现，无中心性雕塑的广场中人群的行为表现为发散性，即人群的活动是无中心或多中心（当然如果有大型的舞台并有灯光表演时；以及有大型的瀑布、喷泉时，它们也会像雕塑一样成为中心）；而如果有中心雕塑，人群的行为活动则呈现以雕塑为中心的向心性聚集行为，这种向心性聚集行为在白天表现得不是特别明显，而到夜晚，当雕塑的光环境营造得恰到好处时，就显得非常强烈，常常吸引广场内大部分人群汇集在雕塑周围。

雕塑的吸引力由雕塑的高度、材料及其光环境决定。

一般作为广场标志物的雕塑高度常达到 10 多米，有些甚至达到 20 多米。雕塑高度是由广场的范围和规模来决定的，广场的规模越大，要求雕塑高度就越高，这样其向心力越强，发散距离也就越大。笔者认为，如果从广场的主入口到雕塑的距离为 L，那么雕塑的高度 H 应该是：

$$1.5L < H < 1/3L$$

因为笔者发现在这个距离范围内，85％～90％的人群都容易被雕塑所吸引，并有较强的靠近去观赏游玩的欲望。

雕塑的材料选择和光环境的营造是息息相关的。其常用的材料有铜、不锈钢、花岗石或石材、混凝土及玻璃钢等。由于不同的材质、颜色与造型，加上艺术家对雕塑的理解与环境的考量，使得为每个雕塑作照明设计时都是一次新的挑战。

最成功最有借鉴意义的雕塑的照明莫过于美国纽约自由女神像的照明。我们先分析一下它的照明设计和光环境。

象征美国民主精神的自由女神，在迎接 100 年纪念的 1986 年重新进行了照明设计。对于已往在纽约港口站立了百年的雕像，不仅是美国人甚至全世界对她的形体、颜色、质感都有深刻的印象，如何以灯光去延续一个白天中熟悉的形象，对如此高如此重要的雕塑而言的确是个挑战。

首先碰到的一个问题是她已经氧化成绿色的铜锈，在照亮后颜色不能差太多。然而当时市场上的灯源都无法将铜像正确地显示出来。为此重新设计开发了二种具有新色温的金属灯，并通过计算机的模拟分析计算，对灯位和灯数量进行重新定位。技术问题解决后，就是艺术方面地处理了，因为仅仅把女神照亮而环境灯没配合就会产生这样的效果——一个雕像孤单站在台座上，手上的火焰亮着。

只有女神亮着，没有照亮周围的环境，这座雕像就像是浮在水上，十分不稳。这就要求整个小岛的背景轮廓也必须以灯光加以界定。同时为了强调女神像的崇高，感觉上光是由天上及手上的火炬洒下来，则使光都是由下方打上去；在火把及顶冠的瞭望台，光则由内向外透出，与灯塔的原理相同。在对女神像的每一条皱析，每一个面都加以仔细考虑后，似乎仍缺乏一个完整的感觉。直到旭日东升之际，照明设计师才发现在阳光照亮女神面孔时，整个雕像才复活了起来。这种感觉和灵感马上就被转移到光照的设计上，便是把面孔照得比其他部分亮，而且采用色温较暖的新光源。

图 7-4-2　深圳龙城文化广场的主题雕塑

对照深圳龙城广场主题雕塑（图 7-4-2）的照明环境，就会发现很明显地有以下几个纰漏：

（1）整个标志性雕塑照度明显不够。从底往上打的光源只让底座的造型和材质得到充分的展现，而上部造型只显现出一个模糊的影像。

（2）雕塑设计天生不足，如果再不对夜间照明充分加以考虑的话，就更加不成功。一个高达 20 多米的雕塑，如果仅从地下打光源要想表现整个造型的细部和神韵是不现实的。所以在进行雕塑照明设计时，应对光源多方位的照度加以充分的考虑。

（3）质感表现不足。基座石材的粗糙和上部玻璃钢的细腻、基座的简结和上部的丰富都形成很好的对比，但是由于光的照度不够，光照的方位和角度不合理，使这种对比不能得到很完善的发挥。

（4）整个雕塑所要表达的精神没有得到宏扬。自由女神的脸部仅仅采用色温较暖的新光源加以强调，把它照得比其他部分亮，就使女神向往自由的不屈的精神得到突出的强化；而龙城广场雕塑所体现的“龙腾飞跃”的精神却未能得到强化。

光环境的营造决不是仅仅停留在照亮雕塑物上，更重要的是要把雕塑所表达的精神通过照明得到进一步的升华。这不仅需要考虑照度，更要考虑照明的角度和雕塑自身与光的结合——照明未必是艺术品完成后才考虑的，而应当一开始便将光的元素规划进去。

当然，雕塑的材料更是一个关键因素。自由女神用铜质材料来表现就非常成功。不锈钢也是许多雕塑家喜欢采用的材料，为的是其现代感及其能照映出周围的景观：晴天时呈清蓝的天色，傍晚则反射出晚霞的色彩。它是一种随气候变化的材料。然而一到夜晚，不论用多少探照灯照，只看到一圈圈的光。若是雕塑本身有某点做得不尽完美，则容易暴露其缺点。往往白天看到的简洁的造型、线条，到了夜间则完全走了样。

无论是用铜、不锈钢、花岗石或玻璃钢等材料制作的雕塑，其照明方式都是从周围环境着手，是通过环境光的反映、漫射来托衬艺术品。是在基座上装灯往上照还是用探照灯造成光点的效果来强调某些重点部分完全得看雕塑造形本身和周围可利用的条件。

7.4.3 舞台、喷泉及瀑布与人群行为

在构成城市公共空间的诸多元素中，水是最富于人情味，也是最富于魅力的元素。

水的特性往往取决于周围的环境、材料、流量、声光等许多元素。广场环境中的水景可从一片平静如镜的水池到飞腾澎湃的瀑布，产生无数的可能性。

很多人一想到广场的水，便直觉反应水与舞台的配合，再装配上变化万千的灯光，形成“水舞台”的效果。这只是水与光在一个完全可控制的环境下的运用之一，而且这也的确是休憩广场中最常用的水景之一。

广场的舞台是举行表演、集会的重要场所，也是广场的聚集中心之一。大部分广场的舞台不像室内舞台那样有丰富的舞台背景，其音响和灯光效果也不如室内舞台那样完美，但是广场的大空间和大尺度为舞台的空间层次变化的丰富性提供了更多的选择。把舞台和水景喷泉、灯光效果结合起来就能够极大地丰富舞台的空间层次。舞台上表演的人在水中形成一个光怪陆离的倒影；喷泉的动感又能调动观众和演员的情绪，如果再结合音乐构成音乐喷泉，则动感和效果更佳，并可成为舞台的前布景，为舞台增加了另一个丰富的空间层次。

比较有前水景喷泉的舞台（如深圳龙岗龙城文化广场，华南师范大学校园文化广场等）和无前水景喷泉的舞台（如惠州滨江公园文化广场等）将发现在有前水景喷泉的舞台前看表演时，人群显得更活跃，情绪更高亢，滞留时间更长，人群对其评价也更高。

然而，广场的舞台大部分时间是闲置的，有节目表演的时间毕竟不长。当舞台处于闲置状态时，水景喷泉无疑就成为舞台的天然表演者，由于其光影和喷泉的动感，同样会吸引相当多的人群在其周围聚集，尤其是夜晚，更是成为人群聚集的中心之一。

具有动感的水，始终是人群乐意观赏的对象。

但是，一个管理不善的水景喷泉常常由于水中垃圾成堆、水味发臭难闻，不但不会成为人群聚集的中心，反而会令人厌恶而远离之。这种巨大的反差提醒我们在进行广场设计时对是否设置水景喷泉一定要根据当地的实际情况（如财政、管理水平等）加以慎重考虑。

旱喷泉是喷泉的另一种形式，旱喷泉在珠江三角洲运用得最为成功的应该是云台花园，由其首倡后慢慢在其他广场得以推广，如东莞西城文化广场、广州火车东站站前广场（图7-4-3）等也都设置了旱喷泉。

图 7-4-3　广州东站广场瀑布

旱喷泉有两种类型：

第一类是高压喷泉，如云台花园的旱喷泉。这种喷泉水压大，水柱高，容易成为广场的一个视觉中心和人群聚集中心。当广场规模较大时，大面积的硬铺地容易显得单调而无中心。这种情况下，一组高水压旱喷泉就会使人群找到视觉和聚集的中心，而且这种动态的中心比之雕塑等静态中心具有更大的吸引力——因为接近水是人的天性，在喷泉水柱中互动的行为较之被动观看的行为更能调动人群的情绪。然而，由下朝上喷射的水柱当其压力太大时，会对人群产生伤害，在设置这种喷泉时必须考虑到这一点。

另一类是低压喷泉。这种喷泉水压低，水柱小，是儿童游玩的理想场所。如广州火车东站站前广场喷泉，只要一开放喷水，就会云集 10 来个2～7 岁的儿童，由大人带着在此戏水，滞留的时间长达半小时。如果气候允许，儿童通常愿意被水喷得浑身湿透，无论大人、小孩都显得兴奋异常。所以这类喷泉适合和儿童游玩区域结合起来，会大大增加该区域的活力，增加人群的聚集度。

夜色中旱喷泉是迷人的，它把水、光与人的活动有机地融为一体。如云台花园的旱喷泉，铺地是玻璃形成的方形交叉格子，交叉部分则是水柱，倾斜的水柱向内形成交叉形水花。每条水柱由隐藏在喷头下小孔的灯照亮，同时玻璃砖也被照亮，水柱随背景音乐错落有致地升腾。游人在光与声的交响中，沐浴微风送来的水珠，的确是一个奢华的梦想，自然这簇水柱就成为广场的标志物和象征。为了喷泉能达到尽善尽美的效果，周围的光环境也作了配合，以突出喷泉的主题。

在广场里形成瀑布的确是一个大手笔。首先是造价的限制，其次地势还要有相应的高差。然而一旦瀑布形成，则会给广场带来无限的生机和动感。广州东站站前广场就很有说服力，广场刚修建完时，尽管夜间灯光烁烁，但游客始终找不到行为的中心。人群在里面休憩的时间也很短，而当利用汽车站的屋顶把瀑布做好后，立刻就成为整个广场的中心和人群聚集最集中的地方。约 5m 高倾注而下的水瀑，哗哗的水声和由水池往上打的灯光，加上飘浮于空中的水珠，常常让游人流连忘返。

瀑布的照明最重要的是应把水的动感表现出来，同时，水瀑冲击水池形成的水花也是非常重要的因素。在灯光设计时，必须把这两个因素加以重点考虑。同时水池的水本身也是流动的，这就要求从水池往上打的灯光也需要考虑这一环节。要把瀑布的光环境营造好，的确是一项富有挑战性的工作。

如果一个广场的选址能够紧临湖、河边，实在是妙不可言。湖、河的水面和风景可以使广场的景观更加丰富，因此我们应该把水面作为广场的一个有机组成部分加以考虑。

本书举两个形成鲜明对比的实例，一个是肇庆牌坊文化广场的鼎湖。它被纳为广场的一个有机部分，广场的音乐喷泉和湖光环境照明不仅仅是广场的景观，而且成为广场中人的行为环境。人们坐在或站在广场的岸边观看喷泉，湖里的倒影又印出人的各种活动场面，同时人群又可划船进入湖内。在人们的潜意识里已经把鼎湖已融入广场之中，浑然一体。而惠州滨江公园文化广场的江与广场则形成显明的对立关系。广场只设置十几步台阶可到达江边，但在夜色下，人们到达江边却体会不到有参与以上活动任何冲动，因为设计者没有在沿江作任何光环境设计和其他环境设计，使之没有任何动人之处。

湖面和江面的光环境设计与利用，最重要的是因势利导，有喷泉事就必须把喷泉加以强化突出，但其昂贵的费用不是每个广场都能做到的。静如镜面的湖水和潺潺流动的江水，也是周围光环境的天然的最大的反光镜子。这个大镜子要求广场的环境光照和自身光照必须是美的、动人的，这时它就能影射出双倍的美和动人。如果广场的光环境和周围光环境是丑陋，则这种丑陋也会被加倍放大，正所谓“水能载舟，也能覆舟”。

7.5 本章小结

在 $B=f(P\cdot E)$ 公式中，行为 B（Behavior）是人 P（person）和环境

E（Environment）的函数，这一函数关系说明了环境——行为是互动的关系，环境直接影响人的行为，行为受环境的制约，同时又对环境提出要求。

在前几章的研究基础上，本章将对影响广场环境质量的主要因子与行为互动关系加以详尽的研究。

首先，对配套因子中的大型乔木、草坪、配套公共厕所、垃圾箱、小卖部及饮水器等因子中的人群行为加以探讨，分析这些因子与人群行为的相互制约关系。指出大型乔木的树种、栽植方式、空间围合及其微气候对人群行为的影响；揭示出草坪的微气候、草坪的属性、草坪的尺度及空间方式与人群行为的关系；同时对垃圾箱与人群行为、公共厕所与人群行为、小卖部与人群行为及饮水器与人群行为也做了详细的研究。

随后，结合光环境的营造，对雕塑、喷泉、舞台及瀑布与人的行为的关系也做了详细的研究。揭示出雕塑的光环境的营造与人群行为、雕塑的尺度、材料及造型等等与人群的行为关系；总结了喷泉、舞台及瀑布的光环境的营造与人群行为的关系，以及它们的属性与人群行为的关系。

基于研究环境与人群行为互动关系的基础，为我们下一章对珠江三角洲地区休憩广场的设计指引提供可靠的依据。

参考文献

[1] 胡中华，刘师汉．草坪与地被植物 [M]．北京：中国林业出版社，1994：3-7.

[2] 吴伟．城市绿化的分类．中国园林．Vol15，No 66，1999，6.

[3] [7] [美] 凯文．林奇．城市意象．北京：华夏出版社，2001：4.

[4] [丹麦] 扬·盖尔．交往与空间．何可人译．北京：中国建筑工业出版社，1991：3.

[5] [美] A·J·特拉利奇．大众行为与公园设计．王求是，高峰译．北京：中国建筑工业出版社，1990：2.

[6] 金冬梅．城市生活垃圾的处理与防治污染对策．城市环境与城市生态，1996，9：3.

第八章　珠江三角洲地区休憩广场设计指引

城市休憩广场作为城市的客厅，其最根本的目的就是为人们营造理想的文化娱乐、游玩、演出、休憩等的环境和场所，为人们的行为和心灵需要提供空间关怀和场所关怀，其最终的目的是“人”。而实现对人的空间关怀和场所关怀的载体无疑是空间和场所本身。

前人已经作了大量的工作，从空间和场所的角度对休憩广场及其环境进行深入的研究，并得出了许多相当成熟的关于休憩广场设计的规范和指引原则，然而由于仅仅是从空间的形态和空间的结构来探讨空间和场所，而没有从空间的使用主体——“人”的角度去探讨空间和场所，势必造成研究结果的局限性以及不定量性。

本研究对几个样本休憩广场做出了使用后评价（POE），并用数理统计的方法对其环境做出定量的研究，详尽地分析了休憩广场中的几种基本行为模式和一些环境状态中的行为规律，以期从人的行为这一角度得出广场空间和场所设计和建设的一些模式和规范。应该说本研究的终极目的和从空间形态和空间结构研究的目的应该是异曲同工的，都是为了广场的空间和场所的营造提供理论上的指引，只是本研究是从人的行为的角度出发来研究空间和场所，为人性的空间和场所的营造提供更为定量和科学的指引参照。

8.1　休憩广场设计的基本原则

相对于城市其他类型的广场，城市休憩广场有着其独特的个性和特质。休憩广场的设计和建设应遵循以下几个基本原则。

一、总体设计思想应以“人”为本，充分体现对“人”的关怀。

城市休憩广场就是为市民提供文化娱乐、游玩、演出、休憩的城市公共空间，是市民的“起居室”，也是城市接待外来旅游者的“客厅”。其根本的目的既不是如市政广场的为政治服务，也不是像交通广场般为解决城市交通服务，其总体的设计思想是以“人”为中心，以“人”为本，充分地体现对“人”地关怀。这种以“人”为中心的设计思想，应在以下几个方面加以体现：

（1）广场的选址

① 休憩广场的选址首要原则必须人群方便到达。由于珠江三角洲地区休憩广场的使用人群主要由老年人和青年人组成，而且青年人又以外来打工族为主，故人群到达广场的主要方式仍以步行和搭乘公共汽车为主。所以休憩广场的选址必须方便这类主要人群的步行和搭乘公共汽车的到达。

步行到达就要求有适合人群步行的街区和道路，广场选址时就应对步行距离和步行路径加以充分的考虑。步行路径应尽可能避免穿越高速公路和城市主干道，步行距离应照顾在人的体力允许范围内。搭乘公共汽车则要求有合理的乘车路线和多样的乘车选择，广场选址时不但应对此加以充分的考虑，同时还要能够兼顾人群到达广场的目的的多样性。如当老人乘车到广场休憩时还可以顺便购物或接送孙子上学等。

对不同级别的休憩广场，又应区别对待。市级休憩广场服务对象为全市的市民，服务半径大，范围广，故其选址时主要考虑人群乘车到达的需要，如换乘车方便、停车便利等，在此基础上适当地考虑广场周围市民的步行到达需要。区级休憩广场的服务对象范围相对比较小，服务半径也小，故其选址时除了要考虑市民乘车的方便需要外，更要考虑步行到达的需要，选址时要尽可能选择合理地步行距离和步行路径。社区级休憩广场服务半径通常都在人们的步行范围内，这类广场最主要的是考虑步行到达的需要，选址时尽可能地照顾人群步行到达的方便。

② 尽可能临近风景秀美的山川湖泊。对已建成休憩广场的研究发现，临近风景秀美的山川湖泊的广场往往更富于生机和吸引力，人们也更乐意前往。珠江三角洲地区水系湖泊交错纵横，为广场的选址提供了选择的多样性和可能性。

③ 尽可能与商业、娱乐或工作等人群密集的场所临近。人群到达广场的休憩行为往往是在购物、娱乐及工作后发生的，当人们在购物、娱乐及工作后很顺利方便就可到达广场休憩时，广场的使用率自然就高。

（2）空间形态

休憩广场必须是人性化的空间形态，以满足人的各种行为方式。

广场的空间形态有很多种，如封闭式、开放式；平面型、空间型；矩形、带形及不规则形等等。不同类型的广场往往要求不同的空间形态来体现其空间精神和空间特质，如市政广场就常常被设计成左右严格对称的矩形空间形态，以体现其庄严、肃穆的精神特质。

休憩广场的根本目的是为市民提供舒适的休憩空间和场所，这一独特的空间特质就要求它的空间形态必须是以“人”为中心，是人性的空间，一切都以满足人的行为方式为基本前提。因而，在营造广场空间形态时应避免过于追求空间形态的形式化，而必须因势利导，因地制宜，充分利用地形地貌和周围的环境特点，来营造各种类型的空间形态，如下沉式广场、半封闭式广场等，以满足人们的各种休憩行为需要。

（3）场所精神

休憩广场的场所精神必须是人性的精神。人性的场所精神是建立在人性的尺度基础上的，无论是广场的面积大小，长宽比例，还是广场内的各种环境配套设施的尺度，如草坪、雕塑、座椅等的尺度，都不可过于夸张和张扬，而应以人的行为尺度为准则来满足人的各种行为要求，并体现出休憩广场的人性场所精神。

二、充分体现时代性和地域性。

长期以来，珠江三角洲地区都是我国对外开放的窗口和门户，也是中原文化和海洋文化的交汇中心之一。开放性和兼容性是岭南文化的两个基本特性，这一特性也决定了岭南文化的多样性和包容性，使其更容易接收外来的先进文化和先进技术。

一直以来，我国的城市空间都是以街道空间为主，而非广场空间。随着经济的发展、文化的交汇、观念的更新以及市民意识的觉醒和复苏，城市建设开始出现了“广场热”。然而，大量的广场仍是市政广场、交通广场和商业广场，专门为市民提供文化娱乐、游玩、演出及休闲活动的休憩广场却仍显数量小、历史短，同时也缺少设计这类广场的理论知识和实践经验，因而更迫切地要求我们把握更多的国内外先进理念和先进思想，吸收别人的先进技术，有机的融会各种文化，使其充分地体现出时代的特性。

珠江三角洲地处岭南，地域特色非常鲜明。“岭南文化”也因此具有浓厚的“地域文化”色彩。岭南地区地理环境呈封闭势态，随着秦始皇统一中国，汉文化融入岭南地区，带来了占统治地位的文化模式。而相对开放的沿海地区，又使岭南文化吸收了海外不同国家地区的文化，使岭南文化呈多元、活跃的特点，加上商业经济的萌芽与发展，令岭南文化较早地表现出异于中原文化的某些风格特点，如灵活、朴素、务实等。这些特色也应该体现在休憩广场中，使之呈现浓厚的地域特性。

首先，休憩广场必须秉承岭南城市文脉、追求灵巧、自由与实用；其次，广场的设计要适应当地的气候条件，使之富于“岭南亚热带特色”；同时，还要大胆创新，博采众长、因地制宜，充分利用三角洲地理特色，创造富于“水乡特色”的广场体系。

三、全方位地考虑各种休憩需求，对广场进行详尽的分级，避免一味追求“大而全”的广场格局。

都市中的人群由于年龄、文化背景、工作和生活环境等的不同，乃至时间分配、心理、体力状况的差异，都会产生不同的休憩方式和休憩需求，这就要求为人群设计休憩场所时，要照顾到各种社会层次的需求，提供各种不同的广场休憩环境。

依据不同的休憩需求，综合考虑城市总体规划和地域文化特点，我们应该把休憩广场分为三级：

（1）城市中心级休憩广场

它是城市中心的重要组成部分，起到突显城市形象和性格以及城市文化特性的作用。这类广场常和市政广场、商业广场结合起来形成综合性的多功能广场，为人群提供多功能、全方位的休憩方式。

(2) 区级文化性休憩广场

区级休憩广场位于城市分区中心，是体现局部城市休憩特点和文化特色的广场。在珠江三角洲地区，区级休憩广场通常最完善、也最吸引人，常常成为区级休憩的中心。

(3) 社区级休憩广场

社区级休憩广场就是在社区中心、某些重要地段和建筑物前设置的休憩广场，此类广场在城市中分布最广、种类最多，也是人们最常用以做户外休憩活动的广场。这类广场又可分为：①商业区的休憩广场；②居住区内的休憩广场；③校区内文休憩广场；④其他类型休憩广场等等。

四、在营建其他类型广场时，应充分考虑融入休憩因素，使其成为可兼做休憩广场的综合性的复合型广场类型。

随着城市功能朝综合性和复合型发展，城市公共空间也朝着综合性和复合型的方向发展。从前对广场性质单一的定义，逐步地被模糊化和边缘化，例如以前的市政广场仅仅被定义为用来举行集会、游行和庆典等活动，其严谨的对称构图、夸大的尺度、空荡的空间、单调的配套设施等等，无论是在空间上还是在场所上都排斥市民在其内娱乐、游玩、表演及休憩。然而，随着市民意识的觉醒和复苏，市民开始强烈地反感这种与市民生活与休憩发生强烈冲突的城市公共空间和场所，而希望它们有更多的亲和力，来融入市民的日常生活和休憩中来，使市民可以在其中自在地、舒适地娱乐、游玩、表演及休憩。这就要求在营造包括市政广场在内地其他类型广场时，都必须充分考虑到市民的这种普泛化的休憩心理，把休憩广场的一些休憩要素注入其他广场中去，比如演出的舞台、休憩的座位、观赏的喷泉、嬉戏的草坪等，使其成为综合性的复合型广场。

尤其是一些中小城市或集镇，在没有条件建造专门的休憩广场时，把市政广场、商业广场、纪念广场或其他广场与休憩广场综合起来加以规划和设计，营造综合性的复合型的广场，将极大地丰富城市公共空间，提高城市公共空间地使用率。

8.2 休憩广场的尺度及其封闭性

任何特定的三维实体空间都是由面来界定。城市广场也是由基面和界面来界定的。基面即地面，可以有高度上的变化，如上升式地面、下沉式地面或斜坡式地面等等；界面则有人为及天然两种，前者如街屋宅院，后者如山林树木等，此外，还存在一种虚界面，意指那些无界面实体而有界面功效者，如基面上过大的落差、界面之间的间隙或两界面间的延伸面，均可当作外部空间的界面。

城市休憩广场由界面围合的程度称为封闭性（Enclosure）。广场的封闭性和广场的尺度是相互作用、相互联系最紧密的两个因素。

休憩广场的尺度包括以下几个方面：

（1）广场的面积及广场的长宽比例。究竟休憩广场的面积大小为多少比较合适，其长宽比例及其尺度应控制在什么范围，这是广场尺度需要探讨的首要问题。

（2）界面和地面的尺度比例关系，它们的关系决定了广场空间的封闭性。若界面低矮而基面宽广，则广场的空间显得空旷，视野开阔，但封闭性就较差，如果活动的人群少，广场就会显得寂静而了无生气；反之，若界面高筑而基面窄小，广场空间就会变得闭塞鍋促，令人感到拥挤不安。

（3）广场内部的各种区域尺度的划分及各种配套设施的尺度控制。

如何控制广场的尺度一直以来都是一个敏感的问题，它的控制合理与否直接影响广场环境质量、人群行为的舒适度以及广场空间的使用率等等。

可以说人们探索广场尺度及比例的过程一直贯穿于营建城市广场过程的始终。Alberti 在《营建实务》中就已经开始探索广场的尺度，认为广场四周柱廊的高度和广场尺寸应该由一个合适的比例值，“理想的屋顶高度应介于广场宽度的三分之一与最小值七分之二之间”[1]。Sitte 则认为广场宽度最起码必须相等于广场主要建筑的高度，而最大不得超过主要建筑的两倍[2]。建筑史学家 Giedion 则指出，欧洲广场的理想尺寸为 456 英尺×190 英尺（约为 139m×58m）[3]。

日本的芦原义信在其《外部空间设计》中，从人的视角的角度去分析都市外部空间的尺度，认为都市外部空间开放性的最适合的比例 D/H 值应介于1与2之间，即 $1<D/H<2$（其中 H 是界面高度，D 是两界面之间的距离）[4]。芦原义信的这一结论对我国的许多学者在探讨城市广场的尺度时产生了深刻的影响，他们的很多研究也是基于这一理论加以展开的，如王建国在其《城市设计》中认为 $1<D/H<2$ 是可行的，并对其作出了相应的补充，强调“当 $D/H=3$ 时，即垂直视角为 18°，可看清实体与背景的关系，空间离散，围合感差”，“但是，这种比例关系也还是相对的，大体上属于对空间的一种静态分析，如果加上人的活动，特殊的广场职能及广场的二次空间划分，该关系就要根据实际情况调整”。熊明在其《建筑场与城市广场尺度》一文中把广场尺度与场所效应结合起来加以研究并得出结论，建议文化广场（这里的文化广场实际就是指休憩广场）的尺度应该是 $1<D/H<2$[5]。

Sitte 的说法阐述了广场最起码的公共尺度；芦原义信的结论则强调人在广场中合理的空间感和场所感尺度。他们的共同点是都强调城市广场空间的围合性和封闭性，所以他们的结论都适用于围合性和封闭性的广场空间。

然而，当我们应用上述理论来检验珠江三角洲地区休憩广场的尺度时，却发现大相径庭。

在珠江三角洲地区，休憩广场周围的建筑普遍为多层住宅、办公楼或商场，高度平均为25m左右，按 $1<D/H<2$ 公式来换算，广场的界面距离 D 应该在25～50m。而事实上现有的市级休憩广场的 D 值通常都在400～500m，面积有的高达10万 m^2，一般的都在7～8万 m^2；区级休憩广场的 D 值也在150m以上，有的达到300m，面积也在2～4万 m^2；不过社区级的休憩广场的 D 值常在50m左右浮动，与公式换算的结果较接近。

芦原义信的经典广场尺度换算公式之所以不适用珠江三角洲地区的休憩广场，有如下几个原因：

(1) 芦原义信比较强调城市公共空间的封闭性和闭合性，所以他对城市公共空间尺度的理论也只适合封闭性的围合城市公共空间（包括城市广场）。然而，城市休憩广场已经超越了纯粹的广场空间的概念，为了满足人们的休憩需要，其场所精神在某种程度上已趋向于向城市公园靠拢，因而它的空间形态不再是封闭性的围合空间，而是开放性的非闭合空间。比如当广场选址临近江川湖泊时，为了把江景或湖景引进广场，临江的边界肯定不再加以围合，而是尽量打开。

(2) 传统的广场空间形态都强调几何形的平面构图，边界是明确的实体边界，而休憩广场则不再强调平面几何构图，而是顺应地形地貌，顺其自然地发展多种形状的平面形式，其边界也不再是非常明确的，而是以虚界面为主，表现出一定的模糊性。再以临近湖面的广场为例，就很难分清楚湖面是广场的界面还是广场的一个有机组成部分。

因此，从空间和人的视角的角度研究得出换人关于封闭的、围合性的城市公共空间尺度的理论是不适合休憩广场的，要合理的规划休憩广场的尺度还必须从人的行为角度作为切入点。

国家技术监督局和中华人民共和国住房和城乡建设部也曾从广场中人群行为的人次来规范广场的尺度，于1995年1月联合发布《城市道路交通规划设计规范》规定“城市游憩广场用的面积按平均分摊到规划城市人口每1～2户有1人来参加活动计算或按规划城市人口每0.13～0.14m^2 计算”。[6] 然而，珠江三角洲地区有着大量得外来人口，在某些地区甚至超过该地区的常住人口，外加外来人口又是使用广场频率较高的人群，所以上述规范也是不适合应用于珠江三角洲地区的休憩广场。

克里斯托弗·亚历山大在其《建筑模式语言》里也从人的行为角度分析了广场及其他城市公共空间的尺度，认为“对于公共的广场、庭院、步行街，任何人群聚集的地方，再估算任一时刻该地的平均人数 P，然后使这个地方的面积为150～300P/平方英尺。”（即14～24P/m^2）“该地区才是生动活泼的”[7]。按照亚历山大关于城市公共空间的模式，就必须首先统计广场的平均人数 P，那么究竟应该统计广场什么时候的平均人数 P 呢？笔者认为应该是广场人群高峰时段的平均人数，因为只有根据广场人群高峰时段的平均人数推算出来的广场面积和尺度才能保证广场内的人群时刻都有舒适、合理的休憩空间。

按《城市道路交通规划设计规范》的方法来计算广场平均人数，和笔者在选定研究的样本广场所实际统计的高峰时段的平均人数有着较大的出入。根据笔者的统计结果，一般情况下，市级休憩广场高峰时段的平均人数为 550 人左右；区级休憩广场高峰时段的平均人数为 300 人左右。根据亚历山大的模式换算，那么市级休憩广场的面积应该是 7700～15400m²；区级休憩广场的面积则应该在 4200～8400m²。然而，事实上现有的建成广场的面积是远远大于这个数据，同时和《城市道路交通规划设计规范》里规定的“市级休憩广场面积宜为 40000～100000m²，区级休憩广场面积宜为 10000～30000m²”之间的差别更大。

休憩广场的一个重要特征就是其内部空间的二次划分。休憩广场常根据人群的休憩需要被划分为娱乐表演空间、观赏步行空间、座憩休闲空间等等几个相互独立又相互有机联系的空间区域。我们通过对人群在广场中的行为模式研究已经发现，广场中人群的行为以座憩为主，90％以上的人群行为也都发生在座憩空间区域内，所以由亚历山大的模式换算得出的面积值应该是广场座憩休闲空间区域的面积，而非整个广场的面积尺度。整个广场的面积应该在此基础上乘以一个系数 N，根据笔者经过多个广场统计比较的结果，认为 $N=3$ 是比较合理的。

休憩广场 S 的面积换算应该为：

$$14\times P\times N\quad \mathrm{m}^2\leqslant S\leqslant 28\times P\times N\quad \mathrm{m}^2$$

式中 N——系数，一般情况下 $N=3$；

P——高峰时段的平均人数。

笔者认为，以此公式来计算珠江三角洲地区休憩广场的面积，市级广场的面积应该控制在 45000～90000m²；市级广场的面积应该控制在 12000～25000m²。

由于上述统计的广场中高峰时段的平均人数是在已建成的休憩广场里统计的经验数值，当我们在营建新广场时，还需要根据实际情况做大量的统计和测算，得出比较精确的数据值。同时还必须注意到，休憩广场作为城市公共空间必须服从于城市的整体规划，在确定休憩广场的尺度时，对这些因素都应该加以综合考虑。

在规定了各级休憩广场的面积和规模后，广场的长宽比例如何控制呢？

由于休憩广场是开放性的、非围合性的城市公共空间，为了良好的视野和借景效果，界面应该力求低矮、开敞，避免周围有过多的高层建筑。同时由于平面形态除了常见的矩形以外，还有带形、非对称的多边形、甚至是非规则形等多种形态，边界也是以虚体边界为主，因此其长宽比例不必过于追求某种模数，而应更注重顺应地心地貌，注意周围景观的借鉴，充分考虑人的行为模式和行为尺度，做好广场的二次内部空间的划分，合理地控制广场的各区域和内部各种配套设施的尺度和比例。

对于社区级休憩广场，其空间形态大都闭合性比较强，故其尺度控制可以套用芦原义信的理论，同时也要具体分析各种不同类型社区级休憩广场的人的行为方式，加以综合考虑。

8.3 休憩广场的配套设施

8.3.1 座位

坐憩是人群在休憩广场的最主要休憩方式之一，评定休憩广场的环境质量时，必须把能否为人群坐憩提供更多、更好条件的座位作为最重要的因素来考虑，同时“坐憩品质”也是决定珠江三角洲地区休憩广场的品质好坏的最重要因素。休憩广场座位的设计应遵循一下原则：

(1) 广场内的座位单位应以座位的长度来计算，座位的总长度 L (m) 应为：

$$L=S\times 30\times N/100 \quad (\mathrm{m})$$

式中 S——广场的总面积，单位为 m^2；

N——扩大系数，$1.1\leqslant N\leqslant 1.2$。

(2) 按座位的形式，座位可分为固定座位和活动座位。固定座位包括固定长条形座位和固定散座。其中固定长条形座位又包括有靠背的固定长条形椅子、无靠背的固定长条形凸出物（如矮墙）以及水池或花池侧沿和台阶等；固定散座则包括固定棋牌桌边的散座和其他区域的固定散座等等。活动座位则主要包括临时增加的广场内小吃部或其他人群活动比较密集处的座位，包括活动椅子和活动凳子等等。

广场中使用最频繁、最受欢迎的是活动椅子（凳子），其余依次为固定式长条椅、无靠背凸起物形长条座位、水池（或花池）边缘与台阶。

为了满足人群的座憩需要，在设置休憩广场的座位时，应首先考虑设置更多的专门供人群坐憩的座位——即基本座位，主要包括凳子和椅子。凳子和椅子又包括固定的长凳、固定的长椅和活动的凳子、活动的椅子等；在此基础上还需把台阶、基础、梯级、矮墙、水池、花池侧沿和踏步栏杆等作为辅助座位来加以考虑，以供人群在必需时小坐。

(3) 对座位本身的设计，应尽可能提高它的舒适度。首先，座位的设计应充分考虑人体工程学，无论是设计座位的深度、靠背的高度，还是扶手的高度等都应充分考虑人体的实际需要，室内座位的尺度不能照搬到广场来套用，而应该适当地加大。其次，要充分考虑珠江三角洲地区的亚热带气候特点，合理地选用座位的材料和质感，如做成栅栏式的木质椅子就比较受欢迎，并利于通风和散热；而不锈钢或金属座位在春、夏、秋季亦较受欢迎，但冬季时其冰冷的质感将使就座的人数大大减少；玻璃钢座位透气性和透水性都不太好，夏季让人感到不透气、灼热，雨季容易积水；水泥座位显得冷冰、笨重、不够亲切宜人，冬季时其冰冷粗糙的质感也使人不乐意使用，而且水泥座位易脏，不方便打扫，使用率较低。

(4) 休憩广场座位摆放位置应遵循以下要素：

① 方便到达。最方便到达的座位总是就坐的人数最多的座位。

② 利于交流。人群在坐憩时，总是伴随着某些社交上的行为，比如交谈、观看等。提供好的社交需要的自由选择度，就意味着兼具社交上的舒适、自由、方便和多样化。所以应充分结合区域环境，合理处理座位摆置所形成的空间形态，以利于人群坐憩时社交行为。

③ 控制领域尺度。对不同区域的座椅，应根据休憩人群的行为方式合理安排座椅的距离和座位自身的尺度。如恋人的座椅之间的距离和座椅的尺度与老人的座椅之间的距离和座椅尺度就不一样，应加以具体对待。

④ 气候与环境。休憩座位应尽可能地设置在气候舒适、环境优美的区域，如广场内大型乔木下的座位总是最受欢迎的。

⑤ 边界效应。靠近矮墙、绿丛林以及铺地边界交汇处的座位总是被人群优先占用，故在这些区域应优先安排座椅。

⑥ 有机结合其他服务设施。如与广场内的小卖部密切联系起来，将大大提高座位的使用率，同时还能满足人群多层次的休憩需求。

8.3.2 大型乔木

大型乔木是广场中微气候环境最好的区域，也是人群聚集度最高的地方，因此对广场内的大型乔木的保留和栽植应该非常重视。

(1) 在广场规划和设计时，应尽可能地保留原有的大树和乔木，使之成为广场的自然有机组成部分。

(2) 根据空间形态需要，选择合理的乔木栽植方式。最受欢迎的是由数棵大型树木围合形成的小树林空间，这类空间围合方式所营造的微观气候环境最好，适合人群聚集行为，容易成为广场人群聚集的中心；其次是大型的老树（大乔木）形成的伞形树荫空间，适合特定人群的聚集，特别是树枝茂密的大树，也容易成为人群聚集的中心；再次是按行排列的乔木形成的林荫道，适于营造广场的步行小径；单排的小乔木就相对没那么吸引人，但是如果和小桥流水有机结合起来，则容易构筑一种静谧的休憩空间，如小溪边的柳树。

(3) 根据空间形态和景观环境的需要，选择合理的乔木品种。珠江三角洲地处亚热带，适合多种乔木的种植和成长，所以更需要根据空间形态和景观环境的要求，选择合适的树种以形成各种休憩空间和景观环境。如细叶榕（Ficus Microcarpa L. F）浓密的树荫适合形成广场休憩中心；而油棕（Elaeis Guineensis）则适合成行排列，形成富于亚热带风情的林荫步行道。

(4) 合理布置乔木下的座椅及其他娱乐、休闲设施，使之成为广场内最舒适的休憩场所之一，尽量避免用栏杆或围栏人为地把人与树干格开，人为地破坏树荫下休憩环境的亲近感。

(5) 尽可能把乔木与小卖部、儿童乐园及老年活动场所等有机结合起来，以形成环境更好，设施更完善的休憩场所。

(6) 乔木是空间划分的有机界面和联系纽带，故对广场空间划分时应加以充分的利用。

(7) 对于年代久远的枯树，应配合地形、景观和环境，应加以提炼和升华成为富于特定意境特质的空间。

8.3.3 草坪

草坪是休憩广场绿地的主要构成元素之一，也是休憩广场重要的景观要素。美观舒适的草坪，不但方便人群的休憩，还利于形成良好的广场景观；然而过度泛滥的草坪也容易造成一定的弊病，如草坪耗水、又不吸收二氧化碳、为养护草坪而喷洒的农药又污染环境等等，所以对休憩广场的草坪种植应该持谨慎的态度。

(1) 草坪面积及绿量。草坪占地面积比例应达到50%～55%是比较合适的；但是，当广场的选址在商业中心区或其他用地比较紧张的地区时，草坪地面积往往达不到该指标，这时就应尽可能多栽植大型乔木和灌木，通过提高绿量来弥补绿化率之不足。

(2) 草坪的尺度。在休憩广场内，草坪的尺度（长或宽）在50m范围时比较合理和宜人的。超尺度的草坪是不受休憩人群欢迎的，为了空间或景观的营造需要而出现超尺度的草坪时，就应该用小径、灌木、乔木、水、矮墙等加以分隔，以形成各种丰富的领域空间。

(3) 草种的选择。应根据不同区域人群的行为方式来选择不同的草种，如人群经常踏入活动区域的草坪，就应选择质感舒适、耐践踏、便于管理、常绿期长、价格便宜的草种，如台湾草，328T. fgreen等。

(4) 草种的边缘。对于希望人群进入的草坪，曲线形边缘的草坪更有亲合力，更能吸引人群进入。

(5) 草种的标高。草坪的标高是决定人群是否愿意进入其中的一个重要因素。当草坪标高超出路面标高时，人群就不愿意进入，故希望人群进入活动的草坪标高应尽量不超出路面标高；但是如果当草坪形成一个视线良好的缓坡（坡度小于30°）时，即使其标高超出路面标高，这种草坪也是为人群所欢迎。

8.3.4 配套垃圾箱、公共厕所、小卖部及饮水器

8.3.4.1 配套垃圾箱

在休憩广场内，垃圾箱是容易被人们所忽视，却对广场卫生、环境产生最直接影响的配套设施。垃圾箱的数量、容量、造型、色彩、质感及其摆放位置等因素，都会对广场整体环境产生较大的影响。

(1) 垃圾箱的总容量M。

垃圾箱的总容量应以如下公式计算：

$$M=s \cdot b/n$$

式中：s——平均每小时聚集的人数；

b——平均每人每小时产生的垃圾的体积；

n——每小时清理垃圾箱的次数。

(2) 垃圾箱的数量，单个垃圾箱的容量及摆放位置。

① 在人群比较集中的区域，如林荫下的小卖部等饮食区域，应尽可能的减少垃圾箱数量，而要适当地增大单个垃圾箱的容积。

② 在坐憩区域，应根据座位的密度和分布，尽可能保证座位与垃圾箱的距离为7～10m之间。这个距离是人群愿意起身去丢垃圾的最佳距离，同时应避免垃圾箱数量过多。

③ 步行路径上垃圾箱的距离宜保持在60m左右。

(3) 垃圾箱的造型、色彩及质感。

尽量避免使用直接从市场购买的普通垃圾箱，而应该根据广场区域的场所精神和空间环境特质，对垃圾箱进行精心设计。垃圾箱的造型要满足人的行为习惯和行为尺度，便于垃圾的投掷，同时还要利于防止垃圾腐烂发出的异味的挥发，对包括不锈钢等高光度金属材质的垃圾箱的使用要谨慎，以免在太阳底下发出强烈的眩光。总之，要使垃圾箱与环境充分协调一致。

8.3.4.2 公共厕所

广场内的配套厕所也是容易被忽视，却又对人们在广场内的滞留时间起重要作用的配套设施，它的设置合理与否极大地影响人群在广场内休憩的方便程度。

① 广场应设置专门的公共厕所，避免借用周围建筑的公用厕所来解决广场人群如厕的问题。

② 在不影响广场的空间布置和环境美观的前提下，公共厕所的布置应尽可能地靠近入口，且标志明显，以便人们一进入广场就知道厕所的方位。

③ 和小卖部等结合起来，设置在广场内人群活动比较集中的地方。

④ 设置在周边附属建筑群内，但标志要明显，便于人们寻找。

⑤ 配置在离入口处较近的地下或半地下空间，且标志要明显。

⑥ 厕所的蹲位数以平均每50人一个计算，并要充分考虑残疾人使用的蹲位和坡道。

8.3.4.3 小卖部

小卖部是休憩广场重要的、必不可少的配套设置，为人群的休憩活动提供极大的方便。

① 广场应设置专门的小卖部，以防广场建成后用临时建筑来弥补。

② 尽可能设置在有较多人群集中坐憩的地方，以方便人们购物。

③ 设置在广场入口处，便于人们一进入广场就能够买到食品和饮料；

④ 设置在环境比较优美的地方，方便人们一边吃东西一边看风景聊天。

⑤ 条件许可时，可分散几处设置，以便于人们随时购物。

⑥ 小卖部应尽可能地和垃圾箱结合起来处理，以方便食品垃圾的投掷和处理。

⑦ 小卖部建筑的风格尺度不宜太大，以免破坏广场整体尺度和环境，建筑风格要符合广场的空间特质和场所精神。

8.3.4.4 饮水器

饮水器的设置可方便人群的饮水，对老人和小孩尤其受欢迎。

① 饮水器的放置位置一定要醒目，便于人们的寻找和使用。

② 在人群聚集度较高的区域是饮水器摆放的首选位置。

③ 在人群步行集散的节点也可摆放饮水器。

④ 一般区级广场引水器的数量在3～5个较合适，市级广场则应适当增加。

8.4 步行路径与铺面、台阶、坡道

步行是休憩行为的重要方式之一。在休憩广场内，步行行为可分为主动步行和被动步行，但无论那种步行方式都要求在广场内规划设计出合理的步行路径、舒适的广场铺地以及人性化的台阶和坡道。为此，首先必须详细地调查广场选址周围的人群结构特点、休憩习惯和生活工作习惯等，并根据上述条件来分析出人群穿越待建广场可能的路径并结合这些步行路径来确定广场的主要入口和辅助入口。

确定被动步行行为的步行路径，应遵循如下原则：

(1) 最短距离原则。当我们分析出待建广场某节点处有大量的人群需直穿广场到达对面或临近边的某节点处（如某处的商场出口的购物人群需要直穿广场到达对面的车站）时，就应在广场内设计最小距离的路径来引导人群的穿越，而不是设置较长路线的曲折路径或在其路径上人为地设置屏障和障

碍物，来阻挡人群的穿越。

(2) 信息刺激原则。在满足最短距离原则的基础上，路径设计时，还应尽可能地使路径临近环境优美、人群聚集度高以及事件（包括娱乐、文化、体育等事件）发生率高的区域，以增加步行人群的信息刺激。这种信息刺激度高的路径是比较受人群欢迎的。

广场内的休憩步行实际上表现为主动步行，所以在规划好被动步行路径的基础上，还必须设置一套完善的主动步行路径系统。

(1) 在风景优美及环境品质优秀的区域，应该组织一条或几条步行路径以供人群欣赏和体验之用。

(2) 当广场临江（湖）而建时，应在江（湖）边组织步行路径，以利借景观光。

(3) 当广场依山而建时，应组织路径接通攀山路径。

(4) 在人群聚集度高以及事件（包括娱乐、文化、体育等事件）发生率高的区域，应组织步行路径以增加步行人群的信息刺激度。

(5) 在广场的边缘区域，应根据地形特点和环境特点，适当地组织步行路径，以满足人群的边缘心理。

(6) 应尽量避免直通而无个性的路径，而应借鉴中国园林造园常用的借景、对景的手法，尽量使路径曲径迂回，做到步随景移。

(7) 步行路径的距离应控制在 400m 以内。如超过 400m 时，就应设置座位或娱乐、游玩的节点。

通常情况下，大部分的广场内都存在一定的高差，因此路径规划时对这一重要因素必须加以充分的考虑。实际上，过于平坦的步行路径也是平淡无味的，为解决高差而设置适当数量的台阶，反而可以增加路径的趣味性和信息刺激度，然而过多的台阶又会造成体力的高消耗，从而阻滞了人群步行欲望并形成一种心理的障碍。

在步行路径上，3～4 级台阶通常不被人所特别关注，并为人群乐意接受；超过 4 级以上，就会造成一定的体力消耗，使老年步行者的数量使之减少；14 级是一个阈值，一旦台阶数超过这个阈值，人群就不愿意选择这条路径步行了，这时，就应该把高差分段消化，以消除人们的心理恐惧。

与台阶相比，人群选择坡道的机会要少得多，但是为了残疾人得需要，坡道的设置又是必不可少的，所以应接合台阶合理地设置平缓、规范、易于识别的坡道。

除了草坪以外，大面积的广场铺地是硬铺面。铺面的图案、色彩及质感除了要从广场的空间、场所及构图需要加以考虑以外，还要从广场铺面对人群步行的影响加以考虑。

(1) 广场砖是一种新兴的人造铺面材料，不但色彩丰富、质感强、便于拼组各种图案、韵律变化大、路面肌理性强、造价低、施工简单、便于维护，而且渗水性好，可以把其列为铺地材料的首选。

(2) 石材是最古老的建材之一。它即耐磨，又方便维护，且色彩丰富，质感好，对环境品质的提高有很大的功效，但造价较高。其中花岗石是其中最有代表性又为人群乐意接收的铺面，广场内某些局部重要区域可以选择这种材料。

(3) 碎石路面（包括鹅卵石路面）的路面肌理性特别强，可以铺砌出很多花纹和图案，而且脚感比较舒适，和水面相结合尤其受欢迎。

(4) 沥青没有广场砖及其他材料那样好的质感，却有较软的表面，而且随着现代彩色沥青的出现，色彩也趋于比较丰富。但是由于沥青的色彩普遍比较深，所以当日照强烈时，地表辐射比较强，对步行的影响比较大，对广场空间的微气候造成较大的伤害，影响步行环境质量。所以这种材料比较适合作为林荫道等没有日晒或日晒比较弱的地方的步行路面。

(5) 混凝土砖色彩比较单调，质感较粗糙，所以使用时应谨慎。有些混凝土砖做成空格状与植草结合起来——俗称植草砖，可用作临时停车场的铺面。

其他还有土沙地等其他材质的铺面就比较少使用。总之，选择广场铺面时要从空间、场所、人的行为及广场微环境多方面加以考虑。

8.5 驻足停留与标志物、光环境与中心

雕塑、喷泉、瀑布及舞台通常都会成为广场的标志物。广场内标志物的存在，不仅作为外部观察参考点起指引方向作用，以及成为视觉与视线汇集的焦点，而且还是人群驻足停留的节点和广场和区域的中心。

无论是雕塑、喷泉，还是瀑布或舞台（演唱时），在广场内所提供的信息量都是非常大，很容易使人群在其周围驻足停留。尤其是在夜间，广场的其他环境元素都会显得黯淡，而动态的喷泉和瀑布、高耸的雕塑、演唱时的舞台在适当的光环境下，将是广场内最具魅力之所在，并吸引了广场内的绝大部分人群，所以广场光环境的营造就显得尤其重要。

一、雕塑

雕塑的吸引力由雕塑的高度、材料及其光环境共同决定的。

(1) 雕塑高度是由广场的范围和规模决定的，广场的规模越大，要求雕塑高度就越高。如果从广场的主入口到雕塑的距离为 L，那么雕塑的高度 H 应该是：

$$1/5L<H<1/3L$$

(2) 雕塑的材料、色彩和质感都应该和光环境的营造加以综合考虑。光

环境的营造决不是仅仅停留在照亮雕塑物上，更重要的是要把雕塑所表达的精神通过照明得到进一步的升华。

二、喷泉

(1) 喷泉可分为高压喷泉和低压喷泉两种，又可分为水景结合的喷泉和旱喷泉。

(2) 高压喷泉常与水景结合，这种喷泉水压大，水柱高，再配上专业的光环境，将成为广场的视觉中心和夜间人群聚集的中心。

(3) 低压喷泉常做成旱喷泉，这种喷泉水压低，水柱小，是儿童游玩的理想场所，故这类喷泉应和儿童游玩区域结合起来，将会大大增加该区域的活力，增加人群的聚集度。

(4) 喷泉的维护费用较大，一次性投资成本较高，故应谨慎使用。

三、瀑布

(1) 当广场内有足够的高差时，营造人工的瀑布将使广场的动感非常强烈，成为广场的一个人群聚集中心。

(2) 如果广场的选址能够紧临湖、河边，应把人工的瀑布和湖（河）的水面有机结合起来，加以综合考虑。

(3) 瀑布的照明最重要的是应把水的动感表现出来，同时还要顾及到水瀑冲击水池形成的水花，在灯光设计时，必须把这两个因素加以重点考虑。同时水池的水本身也是流动的，这就要求从水池往上打的灯光也需要考虑这一环节。

(4) 在广场内要营造瀑布是一个大手笔，不但一次性投资成本较高，而且其运行和维护费用的也较大，故应谨慎使用。

四、舞台

(1) 舞台是休憩广场必不可缺的构成要素，为群众性的演出提供场所。

(2) 舞台的面积不一定特别大，可以不设后台，甚至可以不设风雨棚，其具体的尺度可根据广场的实际面积大小来确定。

(3) 可在广场设置特定的表演区域，也可把舞台和广场的硬铺地结合起来考虑。总之，舞台的位置应根据广场的地形地貌设置，使之成为广场的有机部分。

(4) 舞台的灯光和其他设备都可以考虑临时性的，但可以把舞台和喷泉、瀑布结合起来，这将会打打提高舞台的生动性。

8.6 本章小结

研究休憩广场环境及人群行为模式的目的，是为设计休憩广场提供理论上的指导。本章正是基于之前对广场环境和广场人群行为模式以及行为——环境的互动关系的研究成果来作出总结性结论，提出珠江三角洲地区休憩广场的设计指引原则。

首先，提出休憩广场设计的基本原则，明确休憩广场的基本设计思想——以“人”为本，同时还必须充分地体现时代性和地域性的特点。在此基础上，再根据休息广场开放性的空间特性，结合前人从空间、场所的角度研究得出的成果，从一个全新的角度——环境行为学的角度来对广场的尺度进行研究和探讨，并提出广场尺度（包括面积、各区域尺度、周边尺度）的控制原则和指标。

广场的配套设施的配置情况将直接影响着广场的环境质量和人群的休憩舒适度。本章在总结前几章的有关广场环境及人群行为研究成果的基础上，提出详尽的关于座位、大型乔木、草坪、配套垃圾箱、公共厕所、小卖部及饮水器等配套设施的设计原则和相关指标。

人群在广场中的步行路径分析将直接影响着广场入口和广场区域的分布情况，而且广场的铺面、台阶、坡道的设计也与此息息相关。然而，这一点却往往为人们所忽视，对铺面的设计，人们总习惯于从空间几何图案构成和美观的角度去加以考虑。本研究把这一问题提到一个重要的高度，总结了人群在广场内的步行行为规律和行为模式，指出人群行为路径和广场入口的辩证关系，同时提出适合各种人群行为路径的广场铺面、台阶、坡道的建设性指标。

雕塑、喷泉、瀑布及舞台常常是广场的视觉中心和人群聚集中心，尤其是在夜间，如果配以合理的光环境，将使之更加生动和富有吸引力。本章结合光环境的设计，对雕塑、喷泉、瀑布及舞台也提出了建议性的指导。

参考文献

[1] Benevolo, L. (1988) The History of the City. MIT Press, Cambridge. —— (1978) The Architecture of the Renaissance. Westview Press, boulder.

[2] Trachenberg, M. & Hyman, I. (1986) Architecture From Prehistory To Post—Modernism. Academy Editions, London.

[3] 王维洁. 南欧广场探索——由古希腊至文艺复兴. 台湾：田园城市文化事业有限公司，1999.

[4] 王建国. 城市设计. 南京：东南大学出版社，1999：8.

[5] 刘年、初嘉腾、马斌等. 营造宜人的城市空间——大连广场浅谈. 规划师，1998，14（1）：42-46.

[6] 国家环境保护计划局. 环境规划指南. 北京：清华大学出版社，1990：6.

[7] ［美］C·亚历山大. 建筑模式语言. 北京：中国建筑工业出版社，1980.

结束语

改革开放以来，随着经济的飞速发展，我国的城市建设进入一个快速发展的阶段。城市广场作为一类极为重要的城市公共空间，在新城市建设和旧城改造中，都扮演了极为重要的角色。和全国各地一样，珠江三角洲地区也一度盛兴一股广场建设的热潮。这种“广场热”的兴起，既是对我国传统城市公共空间——街道城市空间的“扬弃”，也反映了我国市民意识的觉醒和市民社会之渐趋成熟。

由于我国传统的城市公共空间是街道空间，而非广场空间，致使我们的城市建设天生缺少“广场空间”的技术和文化底蕴，面临突如其来大量的城市广场建设，缺乏系统的理论指导在所难免。对城市广场作系统的案例研究并提出相应的理论已是迫在眉睫。

珠江三角洲地区一直以来都是我国改革开放的前沿，也是城市建设发展较快的地区之一。城市广场的建设在全国也走在前列。休憩广场作为广场中与市民生活息息相关，城市人群使用频率最高的广场类型，对珠江三角洲地区的休憩广场做详尽的研究并提出科学的理论将具有广泛的代表意义。

本研究抛开传统的从广场的历史沿革、广场空间构成等作为主要研究方向的模式，而是对休憩广场中的人群的行为、广场的环境（包括社会环境、概念环境及物质环境）以及行为与环境的互动关系作系统的研究与探讨，试图找出更适合人群行为模式的环境构成和环境模式，从而构架出珠江三角洲地区广场设计和评价较系统的理论体系。本研究综合了环境心理学、概率统计学、社会学、建筑学、城市设计和城市规划等多学科的研究方法，从大量的第一手调查材料和实证出发，应用多学科的交叉研究，得出的结论将更具有科学性和实证性，并对比和借鉴前人从其他研究角度对休憩广场的研究成果，对现有的关于休憩广场的规划和设计的规范和指引作出较大的修正和补充，必将对珠江三角洲地区未来休憩广场的建设具有较大的理论指导意义，这正是本研究的创新点。本研究是建立在大量的第一手调查和观察基础上，首先选择五个样本，对影响休憩广场环境的因素和因子，分别对专业人士和普通的使用者作问卷调查，得到第一手的数据；然后对数据分别运用模糊层次分析法和主成分分析法进行数理分析，从而找到影响广场环境好坏的几个决定性因子，以及对五个样本广场作使用后评价的评价等级。

影响广场环境的主要因子为配套因子、交通因子和景观因子。配套因子包括广场内的乔木、草坪、铺地 、座位、配套厕所、垃圾箱、小卖部、饮水器，雕塑、喷泉、瀑布及舞台等。如果说配套因子是广场“内在”环境的最主要构成元素，那么交通因子和景观因子则是广场“外在”环境最主要的构成元素，“内在”环境决定了广场自身的环境品质。若“内在”环境的各个因素均得到合理的解决和处理，那么广场的内部环境肯定是舒适的、人性化的环境，是符合人的行为规律的环境。“外在”环境则决定广场与周围环境的协调及广场的选址合理与否。换而言之，交通因子和景观因子决定了广场的选址、广场的定位、广场的规模及范围等“外在”环境。

随后，重点地对环境配套因子的人群行为模式以及行为与环境的互动关系做了详尽的分析和研究，通过现场观察、问卷访问以及图形记录等方法，得出人群使用广场时的行为模式和这种行为模式所对应的环境需求，并对比已有的理论和规范，得出比较系统的广场设计和规划的理论体系。这一体系对现有的关于休憩广场的规划和设计的规范和指引作出较大的修正和补充。

限于各种原因，本文现阶段只能对配套因子做比较深入的研究，而对交通因子和景观因子等影响广场“外在”环境的因子只能作初步的探讨，以期起抛砖引玉的作用，把问题提出来，希望将来有机会与有志于此的同仁共同完成此研究。

附　录

文化广场中人的行为模式研究问卷

（问卷之一）

你好：

我们是华南理工大学建筑系的“文化广场研究课题组”成员，将对本广场的环境进行评价和对本广场的人的行为方式进行调查研究，以便为将来广场设计提供理论指导。

此调研极需您的大力配合，给您带来不便之处，敬请谅解，并表示诚挚的谢意。

你的年龄________　性别________　工作性质________

一、你到广场的目的是：

1. 休息　2. 娱乐　3. 找人聊天、散心　4. 习惯性的活动

5. 锻炼身体　6. 路过时休息　7. 其他

二、你到广场时最常做的事或进行的活动是：

1. 找老朋友（或熟人）聊天　2. 静坐想心思　3. 散步

4. 娱乐（如下棋）　5. 其他

三、你是通过那种方式到达广场的：

1. 步行　2. 搭乘公共汽车　3. 搭乘的士

4. 自己驾车　5. 别人开车送

四、如果步行，从你家到广场大约需要走多久：

1. 5分钟以内　2. 5～10分钟　3. 10～15分钟　4. 15～25分钟

5. 20～30分钟　6. 30分钟以上

五、如果有可能，你希望广场离你家多远比较合适：

1. 5分钟以内　2. 5～10分钟　3. 10～15分钟　4. 15～25分钟

5. 20～30分钟　6. 30分钟以上

六、你常到广场的时间段是：

1. 早上7：30～8：30　2. 早上8：30～9：30　3. 早上9：30～10：30

4. 中午10：30～11：30　5. 下午11：30～12：30　6. 下午2：30～3：30

7. 下午3：30～4：30　8. 下午4：30～5：30　9. 下午5：30～6：30

10. 傍晚6：30～7：30　11. 傍晚7：30以后

七、你到广场的频率是：

1. 每天2～3次　2. 每天1次　3. 每2天1次

4. 每3天1次　5. 每周1次　6. 不一定，随机

八、你最喜欢在哪个季节（月份）到广场去；

1. 春季（阳历3～5月份）　2. 夏季（阳历6～8月份）

3. 秋季（阳历9～11月份）　4. 冬季（阳历12～2月份）

九、你在广场内停留时间一般为多长：

1. 30分钟以内　2. 30～60分钟以内　3. 1～1.5小时

4. 1.5～2小时　5. 2小时以上

十、你家离广场大约有几条街道：

1. 1条　2. 2条　3. 3条

4. 4条　5. 5条以上

文化广场中人的不方便人士行为模式研究问卷

（问卷之二）

你好：

我们是华南理工大学建筑系的“文化广场研究课题组”成员，将对本广场的环境进行评价和对本广场的人的行为方式进行调查研究，以便为将来广场设计提供理论指导。

此调研极需您的大力配合，给您带来不便之处，敬请谅解，并表示诚挚的谢意。

你的年龄________　　性别________　　工作性质________

一、您是怎样到达广场的：

1. 乘车　　2. 有家属或保姆推车来到　　3. 自己独自来到

二、您认为推车进入广场是否方便：

1. 方便　　2. 较不方便　　3. 一般　　4. 不方便　　5. 很不方便

三、您认为本广场考虑老人或残疾人的推车使用坡道是否：

1. 很周到　　2. 比较周到　　3. 不太周到

4. 较不周到　　5. 根本就没有考虑

四、您认为本广场对残疾人或老人的娱乐活动是否应该：

1. 单独加以考虑，开辟一个单独的区域

2. 与健康的人一起娱乐、活动、融为一体

3. 开辟一个新的区域，同时该区域又方便与其他区域的人沟通融会

五、您常到广场并停留的时间段是：

1. 早上7：30～8：30　　2. 早上8：30～9：30

3. 早上9：30～10：30　　4. 中午10：30～11：30

5. 下午11：30～12：30　　6. 下午2：30～3：30

7. 下午3：30～4：30　　8. 下午4：30～5：30

9. 下午5：30～6：30　　10. 傍晚6：30～7：30

11. 傍晚7：30以后

六、您在广场内停留的时间通常为：

1. 30分钟以下　　2. 30～60分钟　　3. 1～1个半小时

4. 1个半～2个小时　　5. 2小时以上

七、你到广场的目的是：

1. 休息　　2. 娱乐　　3. 找人聊天、散心　　4. 习惯性的活动

5. 锻炼身体　　6. 路过时休息　　7. 其他

八、你到广场时最常做的事或进行的活动是：

1. 找老朋友（或熟人）聊天　　2. 静坐想心思　　3. 散步

4. 娱乐（如下棋）　　5. 其他

文化广场中人的步行行为模式研究问卷

（问卷之三）

你好：

我们是华南理工大学建筑系的“文化广场研究课题组”成员，将对本广场的环境进行评价和对本广场的人的行为方式进行调查研究，以便为将来广场设计提供理论指导。

此调研极需您的大力配合，给您带来不便之处，敬请谅解，并表示诚挚的谢意。

你的年龄_______　性别_______　工作性质_______

一、广场中你最乐意散步的地方是

1. 草坪间的小路径上　　2. 水池边沿或河岸
3. 广场中空旷的硬地上　　4. 有良好的风景的区域
5. 比较僻静的地方　　6. 人比较多、热闹的地方

二、你在广场中步行的主要原因是：

1. 因为办事（公或私事）需要穿过广场，为省抄近路
2. 为聊天或散心而散步
3. 锻炼身体的散步
4. 自己（或带小孩）娱乐而散步的
5. 为观光旅游照相而步行
6. 其他

三、如果你是办事（公事或私事），最喜欢选择的步行路线（方式）是：

1. 抄最近的路穿行　　2. 找人多的地方穿行
3. 找人少的地方穿行　　4. 找环境比较优美的地方穿行
5. 沿自己比较固定的路线穿行　　6. 随机

四、如果你是散心、聊天或游玩等步行，你最喜欢的步行路径是：

1. 抄近路　　2. 找人多的地方
3. 你风景好环境好的地方　　4. 找人少僻静的地方
5. 沿自己比较固定的路线　　6. 随机

五、你最喜欢穿行的路面是：

1. 水泥路面　2. 花岗岩路面　3. 鹅卵石路面
4. 碎石路面　5. 草坪　6. 广场砖铺地
7. 沥青路面　8. 土砂地　9. 其他

六、如果你是散心、聊天或游玩而在广场步行，最喜欢的时间段是

1. 早上7：30～8：30　　2. 早上8：30～9：30
3. 早上9：30～10：30　　4. 中午10：30～11：30
5. 下午11：30～12：30　　6. 下午2：30～3：30
7. 下午3：30～4：30　　8. 下午4：30～5：30
9. 下午5：30～6：30　　10. 傍晚6：30～7：30
11. 傍晚7：30以后

七、您认为影响你在广场步行的最大因素是：

1. 太高的天气温度（太热）　　2. 太强的太阳辐射（太晒）
3. 环境美观与否　　4. 人太多（太挤）

5. 人太少（人气不旺） 6. 太大的噪音（太吵闹）

7. 其他

八、如果在步行时遇到台阶和比较缓的坡道，你会选择

1. 台阶 2. 坡道

九、当步行时遇到台阶时，超过多少级台阶，你就不愿意上

1. 3 级 2. 5～6 级 3. 8～10 级 4. 12～14 级 5. 14 级以上

十、当你在广场散心、聊天、游玩时，你在广场内的步行会选择

1. 比较弯曲的小径 2. 笔直的小径 3. 弯曲的小路

4. 笔直的大路 5. 其他

十一、如果你是因事穿越广场，你比较乐意在广场步行的距离是

1. 200m 以下 2. 200～300m 3. 300～400m

4. 500～600m 5. 600m 以上

十二、如果你是在广场内散心、聊天、游玩等，你常步行的距离是

1. 200m 以下 2. 200～300m 3. 300～400m

4. 500～600m 5. 600m 以上

十三、如果你是在广场内散心、聊天、游玩，你在广场时步行的时间通常为

1. 5 分钟以下 2. 5～10 分钟 3. 10～15 分钟

4. 15～20 分钟 5. 20～30 分钟 6. 30 分钟以上

十四、如果你是在广场内散心、聊天、游玩，请选择

1. 如果你是老年人，那么你常和______一起步行

（1）老伴 （2）老朋友、熟人 （3）独自一人

（4）带孙子或晚辈 （5）成群结队 （6）其他

2. 如果您是中年人，那么你常和______一起步行

（1）妻子和儿子一起 （2）带儿子（女儿） （3）与妻子

（4）独自一人 （5）朋友 （6）成群结队

3. 如果你是年轻人，那么您常和______一起步行

（1）妻子或恋人 （2）朋友 （3）同事

（4）成群结队 （5）独自

4. 如果你是儿童，那么您常和______一起在广场步行

（1）同学 （2）朋友 （3）爷爷 （4）父母

文化广场中坐憩行为模式研究问卷

（问卷之四）

你好：

我们是华南理工大学建筑系的“文化广场研究课题组”成员，将对本广场的环境进行评价和对本广场的人的行为方式进行调查研究，以便为将来广场设计提供理论指导。

此调研极需您的大力配合，给您带来不便之处，敬请谅解，并表示诚挚的谢意。

你的年龄________ 性别________ 工作性质________

一、你到广场就坐的目的是：

1. 找朋友（熟人）聊天　2. 下棋、喝茶等休息、娱乐活动

3. 习惯性的活动　4. 静坐、想心事打发时间

5. 喜欢广场的热闹气氛、凑热闹　6. 路过广场时做短暂休息

二、你坐在广场时，最常做的事是：

1. 找老朋友（或熟人）聊天　2. 静坐想心思或看看周围的人和事

3. 看报纸、喝喝水　4. 娱乐（如下棋）　5. 其他

三、通常情况下，你在广场坐下时会坐多久：

1. 10～15 分钟　2. 半小时左右　3. 45～60 分钟

4. 1 个半小时左右　5. 1 个半～2 小时　6. 2 小时以上

四、通常情况下，你进入广场后是：

1. 先散步（或锻炼身体），再找座位坐下来　2. 直接找地方坐下来

3. 不一定，看气候和心情而定

五、你认为本广场的座位数量：

1. 远远不够　2. 不太够　3. 差不多够　4. 多余了　5. 太多了

六、如果你认为本广场座位数量不够多，你建议还得增加多少为好：

1. 增加 30%左右　2. 增加 50%左右

3. 增加 1 倍左右　4. 增加 2 倍左右

七、你认为本广场的座位是否：

1. 太丑陋、极不舒服　2. 比较简陋、不太舒服

3. 一般、还可以　4. 较好、比较舒服

5、非常好、太舒服

八、你觉得本广场的座位是否；

A 高度方面　1. 太高　2. 合适　3. 太矮

B 宽度方面　1. 太宽　2. 合适　3. 太窄

九、你喜欢的座位形式是：

A　1. 有靠背和扶手的　2. 有靠背无扶手的

3. 既无靠背又无扶手的　4. 无所谓

B　1. 活动能够移动的单人座椅　2. 固定的单人座椅

3. 固定的双人座椅　4. 长条形（可坐很多人）的座位

C　1. 条形木头做的、较通气的　2. 不锈钢做的

3. 塑料做的　4. 水泥预制块做的

5. 花岗石或瓷砖铺面的座位

D　1. 色彩鲜艳的　　　　2. 色彩淡雅的　　　　3. 色彩灰暗的

十、你选择座位时是首先选择：

1. 最方便看到、并容易找到和到达的座位

2. 人群聚集最多的地方的座位

3. 人群聚集较少、比较安静地方的座位

4. 风景好、环境优美的地方的座位

5. 人群不太多、也不太少的地方的座位

十一、你最喜欢哪种位置下的座位：

1. 风景好环境优美的小河（或小溪）边

2. 一棵大树下的座位

3. 几棵大树围成浓阴下的座位

4. 广场的喷水池边的座位

5. 花坛边的座位

6. 广场小路边的座位

7. 草坪上的座位

8. 广场上空旷的硬铺地上的座位

9. 台阶边上的座位

10. 方便买东西的小卖部边上的座位

11. 凉亭里的座位

十二、广场里有3组人群坐在那里，其中一组是老年人，另一组是中年人，第三组是青年人，如果你是（老年人、中年人、青年人），你会选择到（老年人、中年人、青年人）一起坐：

十三、如果你是（男、女）的，当你坐在一张两人座的长椅上，一个异性紧挨着你坐，你会介意吗：

1. 很介意　　2. 比较介意　　3. 无所谓　　4. 不一定，看情况

十四、如果你是青年人，当你带着你的恋人（或妻子）选择座位时，通常会选择：

A　1. 较偏僻的地方　　　　2. 较热闹的地方

3. 较安静又能够看到广场内发生的事情的地方

B　希望其他人坐得离你大概有多远

1. 2m以内　　2. 3～5m　　3. 8m左右　　4. 10m以外

十五、如果广场里设置的座位已经被人坐满了，这时有几种地方供你选择坐下休息，你将按怎样的顺序选择________

1. 花坛的边沿　　2. 水池的边沿　　3. 台阶上

4. 水溪边的石块　　5. 台阶边的扶手上　　6. 草坪上

十六、大树下的座位，你认为用哪种形式更好：

1. 座位直接靠近树干，使人可以靠近树干、抚摩树干

2. 用木头或铁栏杆把树干围合起来，在外围布置座位，使人无法靠近树干

3. 用水泥和土围合树干，再把外围作成座位，让人围着树干坐

文化广场停留行为模式问卷

（问卷之五）

一、当你在广场碰到关系很好的朋友、同学、同事时，你将会：

1. 和他简单的握手打招呼，然后各走各的
2. 在原地停下来，聊上几句，然后再分手
3. 找一个安静的地方站着聊上几分钟，然后再分手
4. 找一个地方坐下来，漫漫喝水、聊天

二、当你在广场碰到关系一般的朋友、同学、同事时，你将会：

1. 和他简单的握手打招呼，然后各走各的
2. 在原地停下来，聊上几句，然后再分手
3. 找一个安静的地方站着聊上几分钟，然后再分手
4. 找一个地方坐下来，漫漫喝水、聊天

三、当你在广场碰到你的上级时，你将会：

1. 和他简单的握手打招呼，然后各走各的
2. 在原地停下来，聊上几句，然后再分手
3. 找一个安静的地方站着聊上几分钟，然后再分手
4. 找一个地方坐下来，漫漫喝水、聊天

四、广场上发生如下事件：

1. 广场里有大型的文艺表演活动　（①　②　③）
2. 广场上有小型的商业表演活动　（①　②　③）
3. 广场上有突发的吵嘴、打架事件　（①　②　③）
4. 广场里的喷泉开始喷水　（①　②　③）
5. 少年儿童在广场里玩划板或玩比较精彩的体育活动（①　②　③）
6. 广场里有老人在放风筝　（①　②　③）
7. 青年恋人拥抱接吻　（①　②　③）

你将会（请用下面选择在上面的事件里打√）

① 停下来观望一会儿，然后马上就走，

② 停下来观望直到事情结束才走，

③ 根本就不关心，也不观望，直接就离开

五、下列那些事件有可能会吸引你停下来仔细观看：

1. 广场里水溪（或水池）的鱼游近岸边，很多人在喂鱼
2. 广场里比较有趣的雕塑
3. 广场里的喷泉
4. 广场里的灯具
5. 广场里的小卖部
6. 广场里的垃圾箱

文化广场草坪调查问卷

（问卷之六）

你好：

我们是华南理工大学建筑系的“文化广场研究课题组”成员，将对本广场的环境进行评价和对本广场的人的行为方式进行调查研究，以便为将来广场设计提供理论指导。

此调研极需您的大力配合，给您带来不便之处，敬请谅解，并表示诚挚的谢意。

你的年龄________　　性别________　　工作性质________

一、你认为本广场的草坪是否：

1. 太多了　　2. 较多　　3. 合适　　4. 较少　　5. 太少

二、你认为本广场的草坪是否：

1. 太单调，应该在配些花和植物

2. 比较合适

3. 太复杂，配置得太花藻

三、在广场时，你是否________在草坪上步行：

1. 极少　　2. 较少　　3. 有时　　4. 经常

四、在广场时，你是否________在草坪上坐下休憩：

1. 极少　　2. 较少　　3. 有时　　4. 经常

五、影响你在广场草坪上步行和坐下休憩的因素主要是：

1. 因为草坪上标明“不准践踏”，怕主管部门指责

2. 广场上坐得不舒服，也不方便

3. 不太习惯在草坪上散步

4. 草坪上树木太少，太晒、太热

5. 草坪里往往人太多

六、在广场中同样一棵大树下，你更愿意选择在________情况下坐下休息：

1. 大树下的硬铺地面上的座椅上

2. 大树下的草坪上的座椅上

3. 大树下的草坪上

4. 大树下草坪上的石块上

七、你认为本广场内的草坪上应该设置更多的：

1. 大树　　2. 小树　　3. 鲜花　　4. 小溪和流水　　5. 凉亭

6. 其他品种的草皮　　7. 其他

文化广场中环境模式研究问卷

（问卷之七）

你好：

我们是华南理工大学建筑系的“文化广场研究课题组”成员，将对本广场的环境进行评价和对本广场的人的行为方式进行调查研究，以便为将来广场设计提供理论指导。

此调研极需您的大力配合，给您带来不便之处，敬请谅解，并表示诚挚的谢意。

你的年龄________ 性别________ 工作性质________

关于小卖部

一、你认为本广场设置________家小卖部是否：

1. 太多 2. 比较多 3. 合适 4. 比较少 5. 太少

二、你认为本广场的小卖部应该：

1. 在设计时就应该加以考虑，选择好合适的位置，建成永久性漂亮的房子

2. 根据实际需要临时搭建临时建筑

3. 根本不需要小卖部，影响了广场的使用和景观

三、你认为广场内的小卖部应该：

1. 集中在一处，便于人们的使用

2. 分散的几处，便于人们的使用

四、你认为广场的小卖部的位置应该位于：

1. 广场的入口处，便于人们一进入广场就能够买到食品和水

2. 设置在广场有较多人群集中坐下休息的地方，方便人们买到食品和水

3. 设置在广场较偏僻的地方，以免影响雅观、制造垃圾

4. 设置在环境比较优美的地方，方便人们一边吃东西一边看风景聊天

五、本广场的小卖部是临时建筑，你是否觉得：

1. 太简陋、难看 2. 比较简陋、也比较难看

3. 还可以 4. 比较好

5. 很好、也很漂亮

关于厕所

六、你认为广场内的厕所设置情况对你在广场内的活动有没有影响：

1. 根本没有影响 2. 没有太大的影响 3. 有没有无所谓

4. 有一定的影响 5. 影响很大

七、你认为在本广场内上厕所（卫生间）是否方便：

1. 很不方便 2. 不太方便 3. 还行，一般

4. 比较方便 5. 很方便

八、你认为厕所的位置应该放在什么位置比较合适；

1. 靠近入口，且标志明显，以便一进入广场就可以知道厕所的位置和方向

2. 设置在周围的建筑群内，而广场内根本没有必要单独设厕所（卫生间）

3. 和小卖部等结合起来，最好设置在广场内人群活动比较集中的地方，方便人们喝水、休息，尤其是方便老人的使用

4. 设置在较偏僻的地方（比如地下室），以免破坏广场的景观

5. 设不设厕所，根本就无所谓

九、如果你是残疾人（或陪你的残疾人朋友）上广场的厕所，你是否会感觉到：

1. 实在是很不方便　2. 较不方便　3. 一般

4. 还可以，比较方便　5. 非常方便

十、你是否觉得广场内的厕所太拥挤：

1. 是太拥挤　2. 一般，还可以　3. 不太拥挤，很舒服

<u>关于垃圾箱和饮水机</u>

十一、你认为本广场的垃圾箱是否：

1. 太多　2. 比较多　3. 合适　4. 比较少　5. 太少

十二、当你在人群比较集中的地方坐下休息的时候，是否常感到该地方的垃圾箱：

1. 根本没设置，使用很不方便　2. 设置太少，使用较不方便

3. 比较合适，使用也比较方便　4. 设置太多，有碍雅观

十三、当你在广场步行散步的时候，是否常感到该地方的垃圾箱：

1. 根本没设置，使用很不方便　2. 设置太少，使用较不方便

3. 比较合适，使用也比较方便　4. 设置太多，有碍雅观

十四、你认为广场的垃圾箱的造型（外观）是否：

1. 太难看　2. 较难看　3. 一般　4. 比较漂亮　5. 非常漂亮

十五、你认为广场的垃圾箱的色彩是否

1. 太鲜艳刺眼　2. 较刺眼，不典雅　3. 一般，没什么特色

4. 较典雅，漂亮　5. 非常漂亮，典雅

十六、你知道本广场有自动饮水机吗：

1. 知道　2. 不知道

十七、你会直接饮用自动饮水机的水吗：

1. 会　2. 不会　3. 偶尔会，不常喝

十八、如果你不敢喝自动饮水机的水，是因为：

1. 不习惯，怕不卫生　2. 不知道是纯净水，可以直接饮用

3. 知道是纯净水，可以直接饮用，但总觉得没有自己带（买）的水干净

十九、你认为广场设置的自动饮水机是否：

1. 太多，没必要　2. 比较多，有点浪费

3. 合适　4. 太少

5. 不太注意

文化广场中人的行为模式研究问卷

（问卷之八）

你好：

我们是华南理工大学建筑系的“文化广场研究课题组”成员，将对本广场的环境进行评价和对本广场的人的行为方式进行调查研究，以便为将来广场设计提供理论指导。

此调研极需您的大力配合，给您带来不便之处，敬请谅解，并表示诚挚的谢意。

你的年龄________ 性别________ 工作性质________

根据你对本广场的印象，简单地画出广场的印象图：

主要参考文献

中文文献：

[1] 吴硕贤等．居住区生活环境质量影响因素的多元统计分析与评价．泛亚热带地区建筑设计与技术（论文集）．广州：华南理工大学出版社，1998：1-16.

[2] 赵焕臣，许树柏，和金生．层次分析法［M］．北京：科学出版社，1986.

[3] 王德人等．非线性方程的区间算法．上海：上海科学技术出版社．1986.

[4] 姜启源．数学模型．北京：高等教育出版社，1988.

[5] 吴硕贤．建筑与数理统计学讲义．1999.

[6] 许树柏．层次分析法［M］．天津：天津大学出版社，1988.

[7] 西蒙．管理行为．北京：北京经济学院出版社，1991.

[8] 张跃，邹寿平．模糊数学方法及其应用［M］．北京：煤炭工业出版社，1992.

[9] 胡久清．系统工程．北京：中国统计出版社，1999 年 1 月.

[10] 数学手册编写组．数学手册．北京：高等教育出版社，1979.

[11] 杨维权．多元统计与分析．北京：高等教育出版社，1989.

[12] 贺仲雄．模糊数学及其应用．天津：天津科学技术出版社，1983.

[13] 肯德尔・M．多元分析．中国科学院计算中心概率统计组译．北京：科学出版社，1983.

[14] 中国大百科全书（建筑、园林、城市规划卷），中国大百科全书出版社.

[15] 陈占祥译．大不列颠百科全书（第 18 卷）.

[16] 梁思成．梁思成文集（四）．北京：中国建筑工业出版社，1986：19-45.

[17] 吴良镛．广义建筑学．北京：清华大学出版社，1989.

[18] 吴良镛．吴良镛城市研究论文集．北京：中国建筑工业出版社，1998.

[19] （美）拉特里奇．大众行为与公园设计．王求是，高峰译．北京：中国建筑工业出版社，1990.

[20] （丹麦）扬・盖尔．交往与空间．何人可译．北京：中国建筑工业出版社，1992.

[21] （美）阿摩斯・拉普卜特．建成环境的意义——非语言表达方式．黄兰谷等译．北京：中国建筑工业出版社，1992.

[22] （美）克里斯托弗・亚历山大等．建筑模式语言——城镇建筑构造．王昕度，周序鸿译．北京：中国建筑工业出版社，1989.

[23] （美）凯文・林奇．城市意向．方益萍，何晓军译．北京：华夏出版社，2001.

[24] （美）凯文・林奇．城市形态．林庆怡，陈朝晖，邓华译．北京：华夏出版社，2001.

[25] （日）芦原义信．外部空间设计．尹培桐译．北京：中国建筑工业出版社，1985.

[26] （美）哈杂・米・鲁宾斯坦．城市中心林荫步道．台北：六合出版社印行，1978.

[27] （美）乔纳森・巴奈特．都市设计概论．谢庆达，庄建德译．台北：台湾创兴出版有限公司，1986.

［28］ 常怀生．建筑环境心理学．台湾：田园城市文化事业有限公司，1995.
［29］ 林玉莲，胡正凡．环境心理学．北京：中国建筑工业出版社，2000.
［30］ 李道增．环境行为学概论．北京：清华大学出版社，1999.
［31］ 罗子明．消费者心理学．北京：中央编译出版社，1994.
［32］ 杨贵庆．城市社会心理学．上海：同济大学出版社，2000.
［33］ （美）E. D培根等．城市设计．黄福厢，朱琪编译．北京：中国建筑工业出版社，1992.
［34］ （瑞士）皮亚杰．行为、进化的原动力．李文括，林方译．北京：商务印书馆，1992.
［35］ 吴家骅．景观形态学．叶南．北京：中国建筑工业出版社，1999：5.
［36］ 李敏．中国现代公园——发展与评价．北京：北京科学技术出版社，1987.
［37］ 黄希庭．心理学导论．北京：人民教育出版社，1991.
［38］ 乐国安．论现代认知心理学．哈尔滨：黑龙江人民出版社，1986.
［39］ （美）哈维兰．当代人类学．上海：上海人民出版社，1992.
［40］ 瞿明安．中国民族的生活方式．北京：中国社会科学出版社，1993.
［41］ 高觉敷．西方近代心理学史［M］．北京：人民教育出版社，1972.
［42］ 司马杰．文化社会学．济南：山东人民出版社，1987.
［43］ 杨裕富．都市空间理论与实例调查．台北：明文书局．1993.
［44］ 杨裕富．都市住宅社区开发研究．台北：明文书局，1989.
［45］ 王海．人性化空间环境的创造．北京：清华大学，1995.
［46］ 刘大椿，岩佐茂．环境思想研究．北京：中国人民大学出版社，1998.
［47］ （美）劳伦斯，J·哼德森．环境的适应．北京：麦克米伦公司，纽约，1913.
［48］ 林钦荣．都市设计在台湾．台北：台湾创兴出版社，1995.
［49］ 尤尔根·哈贝马斯．交往行动理论．洪佩郁译．重庆：重庆出版社，1994.
［50］ （日）芦原义信．街道美学．尹培桐．北京：中国建筑工业出版社，1990.
［51］ （美）F·吉伯德．市镇设计．程里尧．北京：中国建筑工业出版社，1986：11.
［52］ G·卡伦．城市景观艺术．天津：天津大学出版社，1992.
［53］ 王建国．现代城市设计理论与方法．南京：东南大学出版社，1991.
［54］ 朱文一．空间·符号·城市——一种城市设计理论．北京：中国建筑工业出版社，1993.
［55］ 夏祖华，黄伟康．城市空间设计．南京：东南大学出版社，1992.
［56］ 武进．中国城市形态——结构、特征及其演变．南京：江苏科技出版社，1990.
［57］ 胡华颖．城市空间发展——广州城市内部空间分析：广州：中山大学出版社，1993.
［58］ R·里尔．城市空间．上海：同济大学出版社，1991.
［59］ 曾坚．当代世界先锋建筑的设计观念．天津：天津大学出版社，1999.
［60］ 吴承照．现代城市游憩规划设计理论与方法．北京：中国建筑工业出版社．1998.
［61］ （美）J．西蒙兹．大地景观——环境规划指南．程里尧译．北京：中国建筑工业

出版社，1990：5.
[62] （英）伯特兰·罗素．悠闲颂．北京：中国工人出版社，1993.
[63] （英）伯特兰·罗素．社会改造原理．上海：上海人民出版社，1987.
[64] （美）安德鲁·韦伯斯特．发展社会学．北京：华夏出版社，1987.
[65] 冯天立主编．中国人口生活质量研究．北京：北京经济学院出版社，1992.
[66] （美）I. L. 麦克哈格．设计结合自然．北京：中国建筑工业出版社．1988.
[67] 王珂，夏健，杨新海编著．城市广场设计．南京：东南大学出版社，1999：7.
[68] 郑宏．广场设计．北京：中国林业出版社，2001：1.
[69] 王维洁．南欧广场探索——由古希腊至文艺复兴．台湾．田园城市文化事业有限公司．1999年6月.
[70] 石楠等编著．城市广场．北京：中国建筑工业出版社．2000：9.
[71] 陈敏豪．生态文化与文明前景．武汉：武汉出版社，1995：3.
[72] 于志熙．城市生态学．北京：中国林业出版社，1992：8.
[73] 国家环境保护计划局．环境规划指南．北京：清华大学出版社，1990：6.
[74] 胡中华，刘师汉．草坪与地被植物 [M]. 北京：中国林业出版社，1994：3-7.
[75] 广东省建设委员会．城市规划设计指引——城市广场规划设计指引，1998. 8.
[76] 中共广东省委宣传部、广东省文化厅文件．关于表彰广东省首届“十佳文化广场”的决定．粤宣发 [1998] 18号.
[77] 张静．国家与社会．杭州：浙江人民出版社．1998：24-28.
[78] 吴硕贤，张三明，葛坚编著．建筑声学设计原理．北京：中国建筑工业出版社，2002：12.
[79] 秦佑国，王炳麟编著．建筑声环境．北京：清华大学出版社，1999：1.
[80] 廖奔．中国古代剧场史．北京：中州古籍出版社，1995：4.
[81] 周贻白．中国剧场史．上海：商务印书馆，1936.
[82] 刘敦桢．中国古代建筑史．北京：中国建筑工业出版社，1981.
[83] 陈志华．外国建筑史（19世纪末叶以前）．北京：中国建筑工业出版社，1988.
[84] 同济大学．外国近现代建筑史．北京：中国建筑工业出版社，1992.
[85] 叶荣贵教授．比较建筑学讲义．1999.
[86] 李瑜青等．人本思潮与中国文化．北京：东方出版社，1998.
[87] 叶裕民．中国城市化之路——经济支持与制度创新．商务印书馆，2001.
[88] 杨永生．建筑百家言．北京：中国建筑工业出版社，1998.
[89] 许学强，周春山．论珠江三角洲大都会区的形成．城市问题，1994，3.
[90] 王燕．浅析流动人口对珠江三角洲城市化进程的影响．城市问题，1997，6.
[91] 乔迪．兰德．决策．成都：天地出版社，1998.
[92] 刘卫东，彭俊等．上海市居民生活方式和住宅空间研究．上海：同济大学出版社，2001.
[93] 刘文军，韩寂．建筑小环境设计．上海：同济大学出版社．1999.
[94] 李敏．城市绿地系统与人居环境规划．北京：中国建筑工业出版社，1999.
[95] 林其标．住宅人居环境设计．广州：华南理工大学出版社，2000.

[96] 西安建科技大学绿色建筑研究中心．绿色建筑．北京：中国计划出版社，1999.
[97] 魏清泉．珠江三角洲经济区城市发展研究．地域研究与开发，1997，Vol. 16 (2)：33-36.
[98] 刘怀君．珠江三角洲城镇民俗初探．广州：中山大学学报（社会科学版）．1997，2：68-75.
[99] 许永刚等．珠江三角洲群众体育社会需求特点的研究．体育科学，2000，Vol. 20 (1).
[100] 许永刚等．珠江三角洲人们参加体育锻炼影响因子的分析研究．体育学刊，1998，3：13-15.
[101] 徐磊青，俞泳．地下公共空间中的行为研究：一个案例调查．新建筑，2000，4：18-20.
[102] 万邦伟．老年人行为活动特征之研究．新建筑，1994，4：23-26.
[103] 陈烈等．珠江三角洲小城镇可持续发展研究．经济地理，1998，Vol. 18 (4)：22-26.
[104] 李克华．珠江三角洲城乡一体化的若干问题．南方经济，1998，3.
[105] 张振江．珠江三角洲经济发展与文化变迁——以语言为对象的研究．中山大学学报（社会科学版），1997，1：55-59.
[106] 俞孔坚等．景观可达性作为衡量城市绿地系统功能指标的评价方法与案例．规划研究，1999.
[107] 傅云新．城市形象的综合评价——以广州市为例．城市问题，1998，5：7-10.
[108] 徐磊青，杨公侠．环境与行为研究和教学所面临的挑战及发展方向．华中建筑，2000，Vol. 18 (4)：134-136.
[109] 美国绿色建筑学会．绿色建筑技术手册．王长庆等译．北京：中国建筑工业出版社，1999.
[110] 阎小培等．珠江三角洲乡村城市化特征分析．地理学与国土研究，1997，Vol. 13 (2)：29-35.
[111] 徐林发．城市研究．珠江三角洲工业化与城市化互动发展研究．城市研究．1998，6：34-40.
[112] 杨玉培，靳敏．发展屋顶绿化、增加城市绿化量．中国园林．2000，Vol. 16 (6)：26-29.
[113] 刘年，初嘉腾等．营造宜人的城市空间——大连广场浅谈．规划师，1998，14 (1)：42-46.
[114] 黄明同．岭南文化的三次大兼容与三个发展高峰．学术研究之岭南文化交流，2000，9.
[115] 徐奇堂．禅宗文化在岭南繁盛的原因．广州大学学报．第15卷第1期，2001.
[116] 苏世同．心理环境论．辽宁．吉林大学学报（社会科学版），1999，4.
[117] 金冬梅．城市生活垃圾的处理与防治污染对策．城市环境与城市生态，1996，9：3.
[118] 吴伟．城市绿化的分类．中国园林，Vol 15，No 66/1999 (6).

[119] 闫整. 广场空间与环境知觉. 山东建筑工程学院学报，2000，6，Vol. 15，No. 2：31-35.
[120] 胡正凡. 环境心理学与环境——行为研究. 世界建筑，1983，3：61-66.
[121] 李可勤，李晓峰. “休闲”视野里的传统精神与现代设计. 新建筑，2000，6：8-11.
[122] 马建业. 北京市城市日常闲暇行为及其环境研究. 华中建筑，2000，Vol. 18，4：87-89.
[123] 潘一禾. 论工作与休闲的关系及意义. 浙江大学学报，1996，Vol. 10，4：40-46.
[124] 陈麟辉. 休闲文化：社会发展的新机遇. 探索与争鸣，1995，12：28-31.
[125] 王晓鹏. 河流水质综合评价之主成分分析方法 [J]. 统计与管理，2001，4：49-52.
[126] 杜之韩. 判断矩阵一致性检验新途径 [J]. 系统工程理论与实践，1998，18（6）：102-104.
[127] 孔宪明，赵文才. AHP 的一致性问题. 淮北煤师院学报，2000，9，21（3）：21-25.
[128] 吴育华，诸为等. 区间层次分析法——IAHP. 天津大学学报，1995，9，28（5）700-705.
[129] 徐从淮. 论空间行为的文化差异. 建筑学报，1996，12：44-46.
[130] 乔世英. 环境知觉与建筑空间形态浅析. 四川建筑，1999（2），Vol. 19，No. 1：27-29.
[131] 陈力，关璃明. 城市空间形态中的人类行为. 华侨大学学报，2000（7），Vol. 21，No. 3：296-300.
[132] 刘骏，蒲蔚然. 广场设计与行为之研究. 华中建筑，1997，Vol. 15，No. 2：88-91.
[133] 孔冰. 广场选择性休憩行为方式研究. 苏州城建环保学院学报，2000，6，Vol. 13 No. 2.
[134] 陈旭锦. 重庆人们广场调查及技术统计分析. 建筑学报，1999，4.
[135] 赵建彬，魏彩萍. 一种积极的城市空间——文化游憩广场. 太原工业大学学报，1997，9，Vol. 28，No. 3，49-53.
[136] 房庆生等. 营造开放空间、提高城市品质——广东省《城市广场规划设计指引》绪论. 城市规划，1998，Vol. 22，No. 6：33-38.
[137] 刘骏. 中国市民社会广场研究. 华中建筑，2000，2，Vol. 18：76-80.
[138] 余琪. 现代城市开放空间系统的建构. 城市规划汇刊，1988，6：49-56.
[139] 洪亮平，潘宜. 城市空间与社会生活变迁. 城市规划汇刊，1989，6：50-56.
[140] 燕果. 珠江三角洲建筑二十年（1979—1999）. 广州：华南理工大学博士论文，2000.
[141] 向心. 现代城市文化广场建筑设计研究. 广州：华南理工大学硕士论文，1999.
[142] 苏涵. 珠江三角洲市政广场研究. 广州：华南理工大学硕士论文，1999.

[143] 李秀水. 行为空间论. 上海：同济大学硕士论文，1991.
[144] 候文栈. 大众休闲空间行为与城市室外休闲空间研究. 上海：同济大学硕士论文，1999.
[145] 朱锡金. 城市空间混合使用的基础研究——行为环境和形态构成的探索. 上海：同济大学硕士论文，1993.
[146] 徐晖. 行为心理与建筑外部环境设计. 南京：东南大学硕士论文，1997.
[147] 李涛. 城市室外公共环境与行为研究. 北京：清华大学硕士论文，1991.
[148] 许仁成. 多属性决策方法评估标准之研究——特征向量法的应用. 台湾：中兴大学硕士论文，1995.
[149] 施夙娟. 景观偏好知觉与景观生态美质模式之探讨. 台湾：中华工学院硕士论文，1995.
[150] 周宏昌. 台湾地区民营游乐区游客需要特征之研究——以亚哥花园为例. 台湾：逢甲大学硕士学位论文，1995.
[151] 王玉娟. 从市场分析的观点探讨台中市民众之户外游憩偏好. 台湾：逢甲大学硕士学位论文，1995.
[152] 苏世同. 心理环境论. 吉首大学学报（社会科学版），1999，4：61－67.
[153] 陈建华，叶飞. 珠江三角洲地区文化广场环境质量综合评价. 甘肃科学学报. 2002，4，Vol. 14，No. 4：94－100.
[154] 陈建华，吴硕贤. 岭南地区休憩性文化广场中乔木下人群的行为模式研究. 中国园林，2002，5.

英文文献：

[1] William H. Whyte. *The Social Life of Small Urban Space*. The Conservation Foundation Washington D. C. ©1980.
[2] W. P. E. Preiser，et. *Post-Occupancy Evaluation*. New York：Van Nostrand Reinhold Company.
[3] Trachenberg M. & Hyman I. Architecture From Prehistory To Post—Modernism. Academy Editions，London. 1986.
[4] Jonge，Derk de. Applied Hodology. Landscape17，no. 2 (1967-68).
[5] Alexander，Laurence A. Downtown Malls，An Annual Review，Volume 2，New York，Downtown Research and Development Center，1976.
[6] Ron Store，Jyrki Kangas. Integrating spatial multi-criteria evaluation and expert knowledge for GIS-based habitat suitability modeling. *Landscape and Urban Planning*. 2001，Vol. 55，pp. 79-93.
[7] Carpenter，Philip L. Theodore D. Walker，and Frederick O. Lanphear，Plants in the Landscape，San Francisco，W. H. freeman and Company，1975.
[8] Tara Smith，Maurice Nelischer，Nathan Perkins. Quality of an urban community：a framework for understanding the relationship between quality and physical form. *Landscape and Urban Planning*. 1997，Vol. 39，pp. 229-241.

[9] Min-Shun Wang, Hsueh-Tao Chien. Enviromnental behaviour analysis of high-rise building areas in Taiwan. *Buliding and Environment*. 1999, Vol. 34, pp. 85-93.

[10] Elliott, C. H. Long-Term benefits of a Shoppers' Mall, The American City, March, 1964.

[11] V. I. Soebarto, T. J. Williamson, Multi-criteria assessment of building performance: theory and implementation. *Buliding and Environment*. 2001, Vol. 36, pp. 340-345.

[12] Mohammed Abdullah, Eben Saleh. Actual and Perceived Crime in Residential Environments: A Debatable Discourse ln Saudi Arabia. *Buliding and Environment*. 1998, Vol. 33, pp. 222-225.

[13] Barry Godchild, Planning and the modern/postmodern debate, TPR, 1990, 2.

[14] Johnson. E. S, The-Function of The Central Business District in the Metropolitan Community In Hatt&Reiss, Cities And Society, Glencoe: The Free Press, 1957.

[15] Benevolo, L. (1988) The History of the City. MIT Press, Cambridge. ——The Architecture of the Renaissance. Westview Press, boulder. 1978.

[16] Howard Newby, Ecology, Amenity and Society, Town Planning Review, 1990, 1.

[17] K. Lynch. The Image of the City. Cambridge, MA: MIT Press, 1960.

[18] K. Lynch. A Theory of Good City Form, IT Press, 1978.

[19] K. Lynch. Site Planning. Cambridge, MA: MIT Press, 1981.

[20] A. Rapoport. Human Aspects of Urban Form—towards a man-environment approach to urban form and design. Pergaman Press, 1977.

[21] Nelson, Carl, How Main St. Evansville, Came Alive, The American city, November, 1973.

[22] Alberti, De re aedificatoria, (1755) Leoni Edition, The Ten Booksof Architecture. 1986 Reprinted Dover, New York, (1988) Trans. Joseph Rykwert, On the Art of Building in Ten Books, Rizzoli, New York.

[23] Bacon, E. N. Design of Cities, Penguin Books, New York, 1974.

[24] Benevolo, L. (1988) The History of the city. MIT Press, Cambridge—(1978) The Architecture of the Renaissance. Westview Press, Boulder.

[25] Anne Ellaway, Sally Macintyre. Does housing tenure predict health in the UK because it exposes people to different levels of housing related hazards in the home or its surroundings? *Health & Place*. 1998, Vol. 4, No. 2, pp. 141-150.

[26] Jose Luis Carlec, etc. Sound influence on landscape values. *Landscape and Urban Planning*. 1999, Vol. 43, pp. 191-200.

[27] Vedia Dokmeci, Lale Berkoz. Residential-location preferences according to demographic characteristics in Istanbul. *Landscape and Urban Planning*. 2000, Vol. 48, pp. 45-55.

[28] A. D. Kliskey. Recreation terrain suitability mapping: a spatially explicit methodology for determining recreation potential for resource use assessment. *Landscape and Urban Planning*. 2000, Vol. 52, pp. 33-43.

[29] A. Terrence Purcell, Richard J. Lamb. Preference and naturalness: An ecological approach. *Landscape and Urban Planning*. 1998, Vol. 42, pp. 57-66.

[30] H. D. Turkoglu. Residents' satisfaction of housing environments: the case of Istanbul, Turkey. *Landscape and Urban Planning*. 1997, Vol. 39, pp. 55-67.

[31] Xu Xue-qiang, Li Shi-ming. China's open door policy and urbanization in the Pearl River Delta region. International Journal of Urban and Regional Research. 1990, Vol. 14, pp. 49-69.

[32] Ian D. Bishop. Predicting movement choices in virtual environments. *Landscape and Urban Planning*. 2001, Vol. 56, pp. 97-106.

[33] Harri Silvennoinen, etc. Prediction models of landscape preferences at the forest stand level. *Landscape and Urban Planning*. 2001, Vol. 56, pp. 11-20.

[34] Joke Luttik. The value of trees, water and Open space as reflected by house prices in the Netherlands. *Landscape and Urban Planning*. 2000, Vol. 48, pp. 161-167.

[35] Susan Herrington, Ken Studtmann. Landscape interventions: new directions for the design of children's outdoor play environments. *Landscape and Urban Planning*. 1998, Vol. 42, pp. 191-205.

[36] William Michelson. Behavioral Research Methods in Environmental Design. Halsted Press.

[37] Kai Gu. Urban Morphological Concepts in China's Context: A Case Study of Haikou.

[38] Kai Gu. Urban Morphological of China in the post-socialist age: Towards a framework for analysis. *Urban Design International*. 2001.

[39] M. Goossen, F. Langers. Assessing quality of rural areas in the Netherlands: finding the most important Indicators for recreation. *Landscape and Urban Planning*. 2000, Vol. 46, pp. 241-251.

[40] Geoffrey J. Syme, etc. Lot size, garden satisfaction and local park and wetland visitation. *Landscape and Urban Planning*. 2001, Vol. 56, pp. 167-170.

[41] Ingunn Fjortoft, Jostein Sageie. The natural environment as a playground for children: Landscape description and anaysis of a natural playscape. *Landscape and Urban Planning*. 2000, Vol. 48, pp. 83-97.

[42] Wu Shuo-xian. Applying Fuzzy Set Theory to the Evaluation of Concert Halls. J. Acoust. Soc. Am. 2) 1991, Vol89 (2): 772-776.